当代世界出版社

责任编辑：梁晓朝　任　远
封面设计：回归线视觉传达

图书在版编目（CIP）数据

开启最美丽的人生/坐看云起编著．—北京：当代世界出版社，2011.6

ISBN 978-7-5090-0741-9

Ⅰ．①开…　Ⅱ．①坐…　Ⅲ．①人生哲学－通俗读物　Ⅳ．①B821-49

中国版本图书馆 CIP 数据核字（2011）第 090098 号

出版发行：当代世界出版社
地　　址：北京市复兴路 4 号（100860）
网　　址：http：//www.worldpress.com.cn
编务电话：（010）83907332
发行电话：（010）83908410（传真）
（010）83908408
（010）83908409
经　　销：全国新华书店
印　　刷：北京建泰印刷有限公司
开　　本：787 毫米×1092 毫米　1/16
印　　张：16.5
字　　数：270 千字
版　　次：2011 年 9 月第 1 版
印　　次：2011 年 9 月第 1 次
书　　号：ISBN 978-7-5090-0741-9
定　　价：29.80 元

前　言

人生是一次美丽的旅行

每个人呱呱坠地的那一刻起，世界就在所有人面前揭开了神秘的面纱，绚丽的人生旅行也从这一刻开始启程。

从牙牙学语到蹒跚学步，从打闹着上小学到西装革履地去就业，从花季初尝恋爱滋味到谈婚论嫁，再到自己的下一代又站在了人生旅程的起点上……唯有旅途中的收获与感悟如同写真一般，收入在行囊。

世界带给每个人的天空是相同的，道路却是不同的。有些人的人生道路上充满了阳光，有些人的却充满了阴霾。

有这样一个“倒霉蛋”，他的人生可以说是一路雷电交加。

他出生在一个穷医生家里。小时候没有受过很好的教育，参军后被俘，身负重伤，左手致残。他屡立战功，得到元帅的嘉奖。可是当他拿着元帅的保荐书，做着即将成为将军的美梦时，在归国途中，被俘后卖到阿尔及利亚，在那里做了五年苦工。

当他回到祖国的时候，很不幸，他的国家已经忘记了这位英雄，他连一个最普通的工作都找不到，好不容易才在无敌舰队找到一个军需的职位。

有一次，他下乡催征赋税时，因不肯为乡绅通融减税，被乡绅诬陷入狱。从监狱出来以后，他改作税吏。

一天，他把税款交给一家银行保管，偏偏银行倒闭，他第二次入狱。第二次出狱，他贫困潦倒，家里妻子、妹妹、女儿一帮人都靠他一个人养着。他住的地方，环境十分恶劣——楼下是酒馆，楼上是妓院。

又有一天，酒馆里有人斗殴，一人倒在地上奄奄一息。他出于同情把那人背到家里，谁知人未救活，他涉嫌谋杀再次入狱。

在此之后，他妻子死去，他又因为女儿的事情被法庭传讯。

就这样一个两次被俘三次入狱的“倒霉蛋”，恶劣的生存环境没有淹没

他，倒霉的运气没有打倒他，反而丰富了他。

这个“倒霉蛋”将自己人生的经历收入了囊中，凭借对自己人生的感悟，他写出了名震世界的巨著——《堂·吉诃德》。

这个伟大的“倒霉蛋”就是西班牙作家塞万提斯。

如果没有经历过苦难，没有用自己的肌肤触摸过岩壁的锋利和土地的粗砾，你凭什么确知自己的存在呢?

如果没有一座灵魂可以攀登的峰峦，没有挣扎和负重，只听凭自己的一生混于轻尘，随水而逝，随风而舞，你凭什么识别自己的名字呢?

你的人生早已开始，你不可能停下脚步，唯有将一次次的经历收获囊中，体会其中的意味，感悟其中的人生真谛，你才能够开启真正的美丽人生。

目 录

第 1 章　把握命运

第 2 章　营造爱的家园

第 3 章　善待每一个人

第 4 章　胸怀天下

第 5 章　乐观人生

第 6 章　困境是成功的前奏

第 7 章　换个角度看问题

第 8 章　现在就行动

第 9 章　坚持就是胜利

第 10 章　走出死胡同

第 11 章　发现生活的美

第 1 章

把握命运

艾森豪威尔是美国第 34 任总统，他年轻时经常和家人一起玩纸牌游戏。

一天晚上，他照例和家人一起玩纸牌，但这次他的运气特别不好，每次抓到的都是很差的牌。

后来，他实在忍无可忍，便发起了少爷脾气。

一旁的母亲看不下去了，正色道："既然要打牌，你就必须用手中的牌打下去，不管牌是好是坏。好运气是不可能都让你碰上的。人生就和这打牌一样，发牌的是上帝，不管你手里的牌是好是坏，你都必须拿着，你都必须面对。你能做的，就是让浮躁的心情平静下来，然后认真对待，把自己的牌打好，力争达到最好的效果，这样打牌，这样对待人生才有意义！"

艾森豪威尔一直牢记母亲的话，并激励自己积极进取。他一步一个脚印地向前迈进，成为中校、盟军统帅，最终登上了美国总统之位。

※　　※　　※

上帝负责发牌，玩牌的是我们自己。我们相信拼搏，相信自己，相信命运之神总是钟爱热爱生命的人，但，绝不相信命运无法把握。

把握命运，做自己命运的主人。

“赚不够 100 万，我就跳楼！”

巴菲特从小就有着强烈的发财欲望，他曾说过：“我一直坚信我会成为富翁，对于这一点，我从来没有动摇过。”

巴菲特七岁时因发高烧住进了医院，医生最后不得不切除了他的盲肠，但他的身体依旧十分虚弱。就连爸爸端来他最爱喝的面汤，他也不吃一口。医生们都担心他的小命难保了。但是，巴菲特一个人呆着的时候，就会拿起一支铅笔在纸上写上很多数字。当护士问他这些数字代表什么意思的时候，他说：“这些数字代表着我未来的财富。”小巴菲特郑重其事地说：“虽然现在我没什么钱，但是总有一天我会成为一个大富翁，我也会成为报纸追踪的焦点人物。”

那时医生都认为七岁的巴菲特小命难保了，但他却活了下来。那是因为他从财富中找到了生命的希望。他最终不但活了下来，也真的成了大富翁。

小孩子都会有许多愿望，但大部分小孩并不坚持，而巴菲特想成为百万富翁的愿望却是认真的，而且非常认真。

1942 年夏天，十二岁的巴菲特住在爷爷家里，他经常会到爸爸的合伙人福尔克先生家里吃午饭。在福尔克太太准备午饭时，巴菲特就会从书房里找一些有关投资方面的书来看。

有一次，当巴菲特正津津有味地吃着福尔克太太做的鸡汤面时，他突然郑重其事地说：“我要在三十岁之前成为百万富翁，如果成不了，我就从奥马哈最高的楼顶跳下去。”福尔克太太一听吓坏了，赶紧说：“你这个小孩子，千万不要再这么胡说了。”

巴菲特看着福尔克太太“呵呵”笑出声来。结果，他真的做到了，还成为了世界首富。

人生絮语：

人们都说："有志者事竟成"。意思就是成功也需要先有"志"，而这个"志"，就是人们要改变自己命运的欲望。

失败者的天堂

1986 年，由于财务问题，乔治·卢卡斯一直想把自己公司的动画部门缩编。当时，他和妻子正闹离婚，需要负担一大笔赡养费。

此时，斯蒂夫·乔布斯被苹果公司排挤出局，创立了自己的公司 Next。他一直对乔治·卢卡斯的动画部门很感兴趣，而乔治·卢卡斯正急于脱手他的动画部门，于是，乔布斯经过讨价还价，最后只花了五百万美元就将这个部门买了下来。

1986 年，乔布斯团队以他们设计的电脑为名，成立了皮克斯公司（Pixar）。

斯蒂夫·乔布斯认为，在美国真正的品牌只有两个：一个是迪士尼，另一个是斯蒂芬·斯皮尔伯格。他想让自己的皮克斯成为第三个。

刚开始的几年时间里，乔布斯赔了很多钱，甚至在《玩具总动员》开始制作的时候，乔布斯差点把皮克斯卖给微软。

值得庆幸的是，乔治·卢卡斯并没有做成那件蠢事。

1995 年，《玩具总动员》成为全美最卖座的影片，在美国收获票房 1.92 亿美元，海外票房 3.57 亿美元，这部影片让公司进账 1.4 亿美元。

《玩具总动员》上映的一周后，乔布斯的股票价值达到 11 亿。这让乔布斯自己也颇为感叹："没想到让自己挣到第一个十亿美元的是自己的皮克斯公司，而不是大牌的苹果电脑。"

乔布斯成功了，可是在他成功的背后却隐藏着许多鲜为人知的故事，他的皮克斯公司，甚至可以称作失败者的天堂。

当年，约翰·拉塞特是在被迪士尼解雇后，才来到皮克斯公司的。

艾德·卡特穆勒年轻时梦想当一名动画设计师，但在高中时他就知道自己根本没有画画的天分，他还想到大学任教，不过也没有成功。

埃尔维·雷·史密斯在施乐公司任职，这里是许多现代计算机技术的诞生地，他们研发成果包括：个人电脑、激光打印机、鼠标、以太网、图标和下拉菜单等，正当史密斯的事业如日中天的时候，他的部门却被裁撤，史密斯不得不离开了研究中心。

而皮克斯公司的老板斯蒂夫·乔布斯则是被自己创办的苹果电脑公司踢出了门。

这些失败者共同开创未来，成就了今天的皮克斯。

1988 年，约翰·拉塞特导演的短片《锡兵》（Tin Toy）获得了奥斯卡最佳动画短片奖，迪士尼对这位弃将重新有了兴趣，希望拉塞特跳槽。

拉塞特拒绝了迪士尼的邀请，他说："我可以去迪士尼当个导演，我也可以留在这里开创历史。"

2006 年 1 月 24 日，迪士尼以七十四亿美元高价买下皮克斯，约翰·拉塞特成为迪士尼·皮克斯的首席创意官，艾德·卡特穆勒成为迪士尼·皮克斯的总裁，而斯蒂夫·乔布斯则成为迪士尼的董事。

从这些曾经失败的成功者身上，我们会发现一个共同点，那就是他们都有一颗永不停歇的进取心。在失意落破的处境中，只要把握命运的转机，就能创造属于自己的辉煌。

一辈子一定能出彩

1924 年，一个小男孩出生在美国犹他州，仿佛是天性使然，他从小就厌倦学校和教会带给自己的束缚，他总是在和传统思想作对。

十四岁时，他忽然想去工作，可年龄又不够，于是他伪造洗礼证书，宣称自己满十六岁，混进了一家罐头厂干起了倒污水的工作。之后，他又先后做过乳牛场伙计、搬运工、屠宰厂工人、农场农药喷洒工……

身边的亲人都说他太叛逆，将来很难成才，对他不抱什么希望。二十七岁时，一家消费金融公司给了他一个工作机会，可是他依然不安分，在他的影响下，几个平均年龄只有二十来岁的年轻人跟随着他准备大干一场。

他们的努力得到了回报，公司的业绩奇迹般快速增长，但思想保守的领导层最终还是容不下思想超前的他，不到一年，他就被逐出了公司。

后来，他流浪到了西雅图市，一个偶然的机会，他进入一家金融集团干起了主持筹办消费者借贷业务的行当。

时间一长，他不守规矩的本性又渐渐显露出来，在那个保守风气盛行的年代，他破除陈规，但改革创新组织与管理的努力再一次夭折了。

三十六岁那年，已是三个孩子父亲的他，生活十分窘迫。他不得已敲开了美国国家商业银行的门，当了一名实习生。实习生所干的工作与勤杂工差不多，近四十岁了，他还经常被各部门调来调去，任人差遣和使唤。

这种下层人的生活，他熬了十六年，生性叛逆让他吃尽了苦头，受尽了磨难，却没干成任何一桩他想干的事。

可是，倔强的他不断告诫自己，这一辈子一定要找到一次出彩的机会。

1967年，他已经四十三岁了，周围的朋友都觉得他的一生就这样碌碌无为地度过了的时候，他赢来了生命的重大转机。

美国国家商业银行开发信用卡业务，他争取到了一个协助工作的职位，并以超前的思维策略获得了银行高层的支持。带着三十多年来一直对创新组织与管理的向往与实践，经过近两年的积极探索，他终于成功了。

在当时没有互联网的条件下，他发展出一套“货币结算”的全球系统，并借此创建了一个组织“VISA国际”，在以后的二十二年里，VISA国际成为奥林匹克运动会的铁杆赞助商。

如今，VISA的营业额是沃尔玛的十倍，市场价值是通用电气的两倍，成了全球最大商业公司。全世界超过六分之一的人成为了它的客户。

他是VISA信用卡网络公司创始人，后来又成为“混序联盟”的创始人及CEO。

他就是迪伊·霍克，被美国《金钱》杂志评为“过去二十五年间最能改

变人们生活方式的八大人物”之一。

迪伊·霍克，几十年抱着信念挣扎在人生底层，耗尽他大半生的时光，终于把握住自己的命运，为自己平凡的生命划出了一道世上最绚丽的弧。

不管遇到什么困难，都要给自己一个不放弃的理由。人的一生中，不管以前是怎样的贫困潦倒，都不要停止前行的脚步。

人过留名，雁过留声，一辈子，总要找到自己的位置，体现存在的价值。一辈子一次出彩的机会，可能需要几年甚至几十年的付出，但这些都是值得的。

穷小子的留学梦

大学毕业后，一个没有任何家庭背景、也没有钱的农家子弟非常想出国留学。尽管他考上了北京邮电大学的研究生，但北邮的出国名额已经用完。

出国留学对学生的成绩要求相当严格，所以有些学校虽然有名额，但是无人能够达标。于是，他给北京的每个高校打电话，询问有没有剩余的出国名额。

在打到北京广播学院的时候，校方说，他们的出国名额没有用完。

撂下电话，他马上骑着自行车赶了过去，他拿着考研成绩单，要求转入北京广播学院读研究生。

学校的老师说：“你可想好了，我们这是二流院校，你就算转过来，也不一定出得了国。尽管我们有名额，但是你错过了时间，出国要由教育部决定。”

他没有犹豫就直接把档案转了过来，他很清楚，出不了国，大不了一年之后重新再考一回研究生，这是底线，可以承受。但他也明白：一个 21 岁、

不认识任何人的学生想要让教育部的官员单独为自己办这件事太难了。

于是，他想了个办法：他打听到教育部主管此事的是李司长，于是他决定每天都去教育部门口等李司长。

于是，早上不到7点，他就到教育部门口去，见到李司长，他就说："李司长，您早！"中午李司长出来吃饭，他还是笑着说："李司长，您出来吃饭？"见李司长吃完饭，他上前说："您吃好饭了？"再到下班的时候，他还是笑着跟李司长说："您下班了？"

第一天，李司长觉得这人很奇怪；第二天，李司长开始关注这个年轻人，怕他有什么偏激行为；第三天，他又觉得这个年轻人看上去很可怜；第四天，李司长忍不住好奇，终于开口问到底有什么事，他如实说了；第六天，李司长告诉他："你可以出国了。"

这个农家子弟于1994年加入微软，担任微软总部Windows NT开发部门的高级经理，后任微软公司全球技术中心总经理；2002年3月26日，他出任微软（中国）有限公司总裁；2004年2月，他从微软中国公司总裁的位置上退休并获"荣誉总裁"称号；之后不久，他出任盛大网络总裁；2008年，任新华都集团总裁兼CEO……

他就是唐骏，大家熟悉的"打工皇帝"。

机会有时需要自己来创造！梦想其实离自己并不遥远，在现实与理想之间，我们需要做的就是架起一座机遇之桥，过了这座桥，成功之路就会越来越宽阔！

英语不好又怎样

益川敏英是日本著名理论物理学家，2008年，由于其"小林－益川理论"，他和合作者小林诚获得了诺贝尔物理学奖。

益川敏英获得诺贝尔物理学奖之前，还有一段非常值得称道的故事。

益川敏英在上大学的时候，遇上一件令他十分头痛的事情——他的英语成绩全年级最差。

英语老师也不止一次敲着桌子对益川敏英说：“你这么聪明的一个人，怎么会学不好英语？如果你的英语一直这样的话，你怎么可能到外国去留学，又怎么可能读得懂英文版的课本？”

益川敏英做梦都想到英国的剑桥大学去留学，想成为像诺贝尔那样享誉世界的物理学家。但糟糕的英语成绩却成为了他梦想道路上的拦路虎，这让他苦恼不已。

益川敏英决定突击英语，可是不管自己怎样努力，他还是提不起学习英语的热情。有时候，益川敏英硬逼着自己大声朗诵英语，并用英语和身边的同学对话，可是同学听了却是一脸茫然，反问他：“你说的什么英语？我怎么一句也听不懂？”

益川敏英越逼自己学越生气，他看着这些在眼前活蹦乱跳的英文字母，真想一把火烧了所有的英语书。

英语不好是不是真的就如许多教授说的那样，一生都不会有多大的成就？益川敏英跑去问自己最信任的物理教授。

教授想了好一会儿，说：“很有可能，因为你英语不好就无法到外面去和别人进行学术交流；你英语不好，有许多新知识你就无法一下子领会到；你英语不好……”物理教授的话还没有说完，益川敏英就伤心地跑了出去。

“看来自己这辈子是成不了有成就的物理学家，更不可能像诺贝尔那样享誉世界了。”益川敏英越想越觉得自己前途暗淡，他经常为此而借酒消愁。

一天，益川敏英去了一家酒馆，一进门就对着酒店老板大喊：“上酒。”

不一会儿，一只猴子拿着一瓶酒和一个杯子飞快地跑到益川敏英面前摆好，然后又飞快地去拿盘子和碟子。

益川敏英十分惊讶，他对这只穿着格子衬衣的猴子侍应生甚为好奇，这只猴子能在酒店里麻利地穿梭，手脚并用地为客人端茶送水！

益川敏英忽然想：“老板是怎么把猴子训练成功的呢？”

酒店老板说：“人也好，动物也好，它总有一项功能是胜过于别人的，只要你找到了并不断地挖掘它、训练它，持之以恒，猴子当侍应生就非常容易了。”

听完酒店老板的话，益川敏英忽然觉得，英语学得好坏对自己不是那么重要了，重要的是，自己一定要把物理学好。

益川敏英大学毕业之后，留在了名古屋大学进行物理学研究，后来又到了京都产业大学，这期间，他认识了自己的合作者小林诚。

他和小林诚一起进行自发对称性破缺的实验，在一次洗澡的时候，他突然想到“六元模型”，凭着“六元模型”实验的成功，益川敏英和小林诚一起获得了2008年的诺贝尔物理学奖。

2008年12月举办的诺贝尔奖颁奖晚会是益川敏英的第一次国外旅行，因为在这之前，所有的外国学术会议，益川敏英都以自己英语不好，无法进行英语演讲而拒绝了。

现在，英语好不好对益川敏英来说已经不重要了。

人生絮语：

人的时间和精力是有限的，我们只能专注于自己擅长的领域，不可能样样都精通。

只要找到了自己胜过别人的地方，并持之以恒地努力，就一定能够成功。选择自己擅长的，把它做到最好，才是我们把握命运、获得成功的关键。

掘金长安街

位于北京长安街，距离天安门仅1200米的东方广场是华人首富李嘉诚投资的亚洲最大建筑群，让人想不到的是，东方广场竟始于一位名不见经传的小女子之手，是她将长安街上10万平方米土地卖给了李嘉诚，她就是周凯旋。

在东方广场项目之前，很少有人知道周凯旋其人其事。上世纪90年代初，周凯旋是董氏集团投资的一家公司的董事，负责中国投资项目，日后成

为香港特首的董建华就是这家董氏集团的董事长，但周凯旋的出名主要还是源于北京东方广场项目。

1992年，董建华下属的东方海外公司准备投资地处北京王府井边缘，位于北京饭店后面的一块地产。1996年，东方广场破土动工；1999年，建国50周年之前东方广场竣工。在这么短的时间内能够建成东方广场，这背后还有一段鲜为人知的故事。

1992年8月的一天，周凯旋，这个年轻女人采用一种最直接的办法去实现梦想——她在长安街上走来走去，搜寻着自己的目标，最后将目光锁定在儿童电影院那幢6层高小楼上。她决定将小楼重新装修一下，然后开一家店。

一位女经理接待了她，周凯旋开门见山，说自己想买这幢小楼。

如此大事，女经理岂敢做主，就打电话通知了当时的东城区文化局长陈平。

很快，陈平告诉她一个令她欣喜若狂的消息：儿童电影院不能单独开发，整个东长安街及王府井地区都属于统一规划，要开发儿童电影院必须将其周边1万平方米面积整片开发。

周凯旋毫不犹豫，马上决定：整块地全部做。后来周凯旋又提出了一个更大胆的计划：把周边几块地一并吃下，占地面积从1万平方米逐渐扩至10万平方米。既然是以董氏集团的东方海外公司名义做，项目名称就叫“东方广场”。

毫无地产经验的周凯旋在日后分析自己当初的投资意识时这样说：“创造财富的机会只会降临在有胆识又很谨慎的人身上。”

东方广场项目在香港引起了轰动，董建华亲自出面，邀请多家地产商合作，也曾找到香港地产界头号人物李嘉诚。

周凯旋亮出所有单位的合作意向书并提出，如果李嘉诚要做这个项目，自己应该赚取相当于总投资2.5%的佣金。

1993年秋天，周凯旋在北京王府饭店第一次见到李嘉诚，她事先准备了厚厚一摞材料，精心组织了各种数据表明投资的可行性，以说服李嘉诚。

见面之后，李嘉诚直截了当地问周凯旋：“负责这个项目是否因为你有丰富的地产经验?”周凯旋直言相告没有。李嘉诚没再追问她的经验和阅历，只问她用什么办法搞定拆迁和土地平整。

5分钟后事情谈妥，李嘉诚一口答应了周凯旋提出的佣金比例，并由她负责全部拆迁并承办全套手续。果然，6个多月后，东方广场所征用土地全部腾空，地面建筑物夷为平地。

1996年1月，周凯旋将手续齐备的10万平方米“熟地”交给东方广场的项目公司，她按东方广场20亿美元总投资的2.5%得到4亿港元佣金。

周凯旋由此名声大振，她和东方广场的故事也被人广为传颂。

人生絮语：

从一个普通的董事，到拥有亿万财富的女人，周凯旋成功的秘诀就是她的那句话：“创造财富的机会只会降临在有胆识又很谨慎的人身上。”

人生的转机也许就出现在我们大胆地做出决策，抓住命运之时。

我来自地狱

有人说，当他张开双臂热烈拥抱这个世界的时候，无数贪婪的手把他的衣兜掏了个精光，然后把他甩进了命运的谷底。

他出生在一个贫苦的农民家庭，两岁时父亲病逝，母亲辛苦地把他拉扯大。

到了上学的年龄，家里的生活更加困难，他经常饿着肚子上学，沿途的酒馆里飘来浓浓的饭菜的香味，馋得他一个劲儿地咽口水。实在饿极了，他只得趁人不注意的时候，从茶馆门前的残茶筛里偷偷抓几把泡过的茶叶充饥。

13岁那年，为了缓解家庭压力，他终止了学业，参军到部队做了一名通信员，每天负责给司令员打扫卫生、牵马。

后来，这个司令员被安排到了济南四里烈士纪念塔筹建处工作，因工作

需要，这个筹建处集合了一大批美术人才，耳濡目染，他迷上了油画。

由于买不到画布，他的第一幅油画是在自己的床单上完成的。那是一幅斯大林肖像，完成油画的那一晚，他欣喜若狂，辗转难眠，从自己的这幅画里，他仿佛看到自己生命的图景，那图景是那样的光明。

通过不懈努力，19 岁那年，他如愿以偿地考上了中央美术学院，他的艺术生涯从此开始。

然而，他的事业之树刚刚萌芽，就被一场严霜抹煞了。

文化大革命中，他被凶残的造反派打断了脚骨，挑断了右手手筋，而且还被押着到处游行。在这场劫难当中，他受尽了非人的待遇，后来，他还被关进了监狱，一关就是 5 年!

刚刚经历“山环水绕”，陡现“山清水秀”，没想到突然又变成了“山穷水尽”，许多人都认为他一定崩溃了。然而，在这 5 年当中，他并没有抱怨命运待他的不公，而是加紧了自己的艺术创作。

没有毛笔，他就用筷子练习作画，由于他的手筋被挑断了，一开始，他连筷子也抓不住，但是，他并没有向命运屈服，他每天坚持练习，付出了比常人多出百倍的努力，才渐渐恢复了自己的绘画能力。

回忆起这段岁月，他笑着说：“那是十八层地狱，但是，也是锻炼人的最高学府，我就是从那里来的!”

他，就是艺术大师韩美林。他的作品很多，大家最熟悉的，是他为中国国际航空公司设计的标志。只用简单的四笔，就让一只美丽、可爱的凤凰在空中飞翔。

韩美林曾在全世界二十多个国家举办个人画展。他还应邀为人民大会堂、国务院、全国人大常委会和全国政协等单位绘制了巨型国画。

人生絮语：

生命的鲜花把根扎进了命运的深谷，它从苦难中汲取营养，然后绽放在受难者的心灵深处。生命之花所散发出的倔强芬芳，会让成功者忘掉沿途的泥泞和荆棘，始终朝着明媚的春天走去。

墙上的瑕疵

他的父亲是一名贫穷的油漆工，仅仅靠着微薄的打工收入供他念完高中。这一年，他被美国著名学府——耶鲁大学录取，但却因为缴纳不起大学昂贵的学费，而面临着辍学的危险。

于是，他决定利用假期，像父亲一样外出做油漆工，以挣够学费。

他到处揽活，终于接到了一栋大房子的油漆任务。尽管主人是个很挑剔的人，不过他给的价钱不低，不但能够缴清这一学期的学费，甚至连生活费也有了着落。

这天，工程眼看着即将完工了，他将拆下来的橱门板，最后再刷一遍油漆，橱门板刷好后，再支起来晾干即可。

就在这时，门铃突然响了，他赶忙去开门，不料却把一把扫帚碰倒了，倒了的扫帚又碰倒了一块橱门板，而这块橱门板又正好倒在了昨天刚刚粉刷好的一面雪白的墙壁上，墙上立即有了一道清晰可见的漆印。

他立即动手把这条漆印用切刀切掉，又调了些涂料补上。等一切被风吹干后，他左看右看，总觉得新补上的涂料色调和原来的墙壁不一样。

想到那个挑剔的主人，如果他不满意的话，自己可能有被克扣工钱的危险。为了那即将得到的酬劳，他觉得应该将这面墙再重新粉刷一遍。

忙了大半天，他终于把墙重刷了一遍。可第二天一进门，他又发现昨天新刷的墙壁与相邻的墙壁之间的颜色出现了一些色差，而且越是细看越明显。最后，他决定将所有的墙壁再次重刷……

最后，就连那个挑剔的主人也对他的工作感到非常满意，并付足了他的酬劳，但这些钱对他来说，除去涂料费用，就已经所剩无几了，根本不够交学费的。

屋主的女儿知道了事情的原委，便将事情告诉了她的父亲。她父亲知道后非常感动，在女儿的要求下，屋主同意赞助他上完大学。

大学毕业后，这个年轻人不但娶了这个屋主的女儿为妻，而且还走进了

这个人所拥有的公司，十多年以后，他成为了这家公司的董事长，他就是拥有世界 500 多家沃尔玛零售超市的沃尔玛总裁——萨姆·沃尔顿。

人生絮语：

一点点失误可以产生一个瑕疵，一个瑕疵可以破坏一面墙壁的完美，一面墙壁的瑕疵又可能影响所有墙壁的完美，甚至，可以影响一个人的一生……

瑕疵造成的后果不在于瑕疵本身，而在于我们面对瑕疵的态度。追求完美，力求把事情做到最好，这不仅是一个认真的做事习惯，更是一种积极把握自己命运的人生态度。

3 秒钟，改变命运

有一位台湾的女生，她名牌大学毕业，却找不到工作，好不容易找了份戏剧编剧助理的工作，累死累活干了 3 个月，只拿到一个月的工资，于是炒了老板的鱿鱼。她开始帮人写短剧，写电影，只要按时收到钱就好。前途茫茫，她希望发生奇迹。

一次机缘巧合，她在电视台的一个节目里当编剧。半年后，在一次制作节目时，制作人不知为什么突然大发雷霆，说了句“不录了”就走了。几十个工作人员全愣在那儿，不知怎么办了。

3 秒钟后，她拿起制作人丢下的耳机和麦克风。那一刻，她清楚地对自己说：“这一次如果成功了，就证明你不仅是一个只会写写剧本的小编剧，还可以是一个掌控全场的制作人，所以不能出丑！”

慢慢地，她开始做执行制作人，当时，像她那个年纪的女生做制作人十分罕见。几年后，这位女生成了三度获得台湾金钟奖的王牌制作人。接着，她制作的电视偶像剧红遍海峡两岸、大江南北，为自己创下了一笔可观的财富。

这个人就是台湾偶像剧之母——柴智屏，这部电视偶像剧就是让无数少男少女如醉如痴的《流星花园》。回首往事的时候，柴智屏爽直地说："改变命运的机会只有3秒钟——在别人丢下耳机和麦克风的时候，你一定要捡起它。"

人生絮语：

总是听到人们在抱怨"为何命运对我这样不公"，其实，改变命运的机会往往很短，就看你能否抓住它。

踩在脚下的好运

100多年前，伦敦住着一位女士，她以给人帮厨为生。生活虽然很艰难，她还是省吃俭用地攒了一点钱，并用这点钱去听了一场演讲。演讲者是一位当时非常著名的演说家。他的演讲深深地感染了她，也触动了她。演讲结束之后，她并没有立即离去，而是去拜访了那位演说家。

"要能像您这样一生中拥有这么多好运那该有多好啊!"她羡慕道。

"哦，亲爱的女士，"那位演说家问道，"难道您从未得到过任何好运吗?"

"我从未得到过任何好运。"她很沮丧。

"那您是做什么工作的?"演说家问道。

"我在我姐姐开的寄宿公寓里帮厨，剥剥洋葱，削削土豆。"她答道。

"您做这事多长时间了?"演说家追问。

"都已经干了15年了，难熬的15年啊!"

"您工作的时候坐在哪里呢?"

"您为什么问这个?"她感到非常迷惑，"我就坐在厨房最低的一级台阶上。"

"那么，您把脚放在哪里呢?"

“放在地板上啊。”她惊讶地望着演说家。

“那地板是什么样的?”

“用釉面砖铺砌的。”

著名的演说家说道：“亲爱的女士，今天，我要给您布置一项任务。我想让您写一封信给我，谈一谈您对砖的认识。”

女士以自己根本就不会写信为由拒绝他的提议，但是，演说家坚持要她完成这项任务。

第二天，当她坐在厨房的台阶上剥洋葱的时候，目光不禁聚焦在了釉面砖铺就的地板上。她专门跑到砖厂向厂主请教砖头是如何制造出来的。对于厂长的解释她并不满意，于是，她又跑到了图书馆。

通过查阅资料，她了解到，在当时的英国，一共有120多种砖瓦在生产。她还发现了已经存在了数百万年的黏土层是如何形成的。她已经完全沉浸在她的研究之中了，她的思想也已经被她的研究完全占据了。每天晚上，她都会准时到图书馆查阅资料。

经过几个月的研究之后，她按照演说家的要求写信。在这封长达36页纸的信中，她详细地介绍了厨房里地砖的有关情况。

令她吃惊的是，不久之后，她就收到了回信。随信而来的，还有她的研究所获得的报酬。原来，那位演说家把她的信拿去发表了！不仅如此，演说家又给她布置了一项新任务：写一写她在厨房地砖下面发现的东西。

女士受到了极大的鼓舞，在厨房撬起一块砖头一看，发现下面有一只蚂蚁。

那天晚上一下班，她便急匆匆地赶到图书馆，去查阅有关蚂蚁的书籍了。

通过研究，她了解到世界上有好几百种千奇百怪的蚂蚁。有的蚂蚁很小很小，小到可以站在针尖上；而有的则很大很大，大到放在手上都能感觉到它们的重量。为了便于研究，她还专门养了一群蚂蚁，每天都拿着放大镜仔细观察。

经过几个月的观察与研究，她把她研究蚂蚁的发现写成了一封长达350页的“信”寄给了演说家。当然，这封“信”最终也发表了。不久之后，她便辞去了那份帮橱工作，开始了她的写作生涯。

直到她去世之前，她几乎游历了所有她曾经梦寐以求要去的地方，而且还体验了许多她曾经想都不敢想的事情！这就是那位曾经感叹自己一直没有好运的女人！

人生絮语：

人的命运不是在上帝手里，也不是在老板手里，命运其实就在你的脚下。

多观察，多发现，多努力，你就会发现，命运一直就被自己踩在脚下，只是自己一直没有发现罢了。

一条冻鱼的奇迹

在美国有一个皮革商非常喜欢钓鱼，他经常到离家不远的纽芬兰海岸去钓鱼，那里有世界著名的纽芬兰渔场，鱼类资源非常丰富。

一个冬天的早晨，下了一整夜的大雪也未能阻止他来到纽芬兰海岸。天气很冷，冰凉的风刮在脸上像刀割一样。皮革商费了很大的力气在海上凿了个洞，然后他坐了下来，点上一支烟，就开始钓鱼。

这几天，他心里老在琢磨一件事：钓的鱼一放到冰上，很快就冻的硬邦邦了，这种冻鱼只要身上的冰不融化，过个三五日也不会变味，味道还像鲜鱼一样鲜美，这是什么原因呢？难道食物结了冰就能对其起到保护作用？如果把鱼冻起来，是不是也能像冻鱼一样保持新鲜？如果是这样，我何不……

想到这里，他眼前一亮，一个不安分的想法使他急急收起鱼竿，匆匆的回了家。

皮革商开始了他的试验，经过反复试验，他发现牛肉和蔬菜冻得结了冰，也能保鲜，而且所有的食品冷冻后的味道和保鲜度跟冷冻速度和方法有关。

经过多次的试验、分析、总结，他终于成功地掌握了这种技术，接着又向国家专利局为这项食品冷冻技术申请了专利权。

看准了这是个潜力巨大的新技术，一时间全国各大公司纷纷前来购买专利。皮革商把握时机，以 3000 万美元的高价将专利卖给了美国通用食品公司。

这个皮革商人就是巴尔卡——世界上第一代冰箱的发明者。

人生絮语：

不要埋怨上帝的不公平，有时候，上帝给你的一条鱼就能改变你的一生。只是，你需要有把握命运的智慧，这条鱼，你是吃掉它，还是看到藏在里面的契机。

寻找圣人

贝里奇是美孚石油公司的董事长，1947 年，他来到位于开普顿的公司巡视工作情况。

在卫生间里，他看到一位黑人小伙儿正跪在地板上擦上面的水渍，并且每擦一下，就虔诚地叩一下头。贝里奇感到很奇怪，问他为何如此，黑人小伙儿回答："我在感谢一个圣人。"

贝里奇为自己的下属公司拥有这样的员工感到欣慰，问他为何要感谢这位圣人。小伙儿说，是他帮自己找到了这份工作，让自己终于有了饭吃。

贝里奇笑了，说："我曾遇到过一位圣人，他使我成了美孚石油公司的董事长，你愿见他一面吗?"

小伙儿说："我是个孤儿，从小被锡克教会养大，我很想报答养育我的人。这位圣人若使我吃饱之后，还有余钱，我愿去拜访他。"

贝里奇说："你一定知道，南非有一座很高的山，叫大温特胡克山。据我所知，那上面住着一位圣人，能为人指点迷津，凡是能遇到他的人都会前程似锦。20 年前，我去南非登上那座山，正巧遇上他，并得到他的指点。假如你愿意去拜访，我可以向你的经理说情，准你一个月的假。"

黑人小伙儿是个虔城的锡克教徒，很相信神的帮助，他谢过贝里奇就上路了。

30天的时间里，他一路披荆斩棘，历尽艰辛，终于登上了白雪皑皑的大温特胡克山。

小伙儿在山顶上徘徊了一天，但除了自己，他什么人也没看到。

黑人小伙儿很失望地回来了，见到贝里奇，小伙儿就问："董事长先生，一路我处处留意，可除我之外，根本没有什么圣人。"

贝里奇笑了："你说得很对，除你之外，根本没有什么圣人。"

20年后，这位黑人小伙儿做了美孚公司开普顿公司的总经理，他的名字叫贾讷。

人生絮语：

时运不济的时候，你是不是在埋怨命运的不公平？别人飞黄腾达的时候，你是不是把他的成功归因于有贵人相助？

每个人的生活状态都是自己决定的，失败的时候，你可以选择一蹶不振，也可以选择奋起。掌握未来命运的，终究还是自己。

你发现自己的那一天，就是你遇到圣人的时候。

决不留恋射出去的箭

1988年，汉城奥运会前夕，颇具天赋的三位女孩让射箭队教练大喜过望，这三位女选手都不满十七周岁，而且她们都以最好成绩计算排列在世界的前十名内。换句话说，只要这三人发挥正常，拿下奥运会女子射箭金牌不是问题。

紧张的比赛开始了，主场观众的助威声此起彼伏，一声哨响后，观众们都静下心来，队员们角逐的时候到了。

令教练大为意外的是，第一位女孩在首轮惨遭淘汰，她的成绩非常糟糕，连平时的训练水平都达不到。

教练在心里默默祈祷：还好我们是东道主，有三个名额参赛，只有看其他两位队员的发挥了。

决赛才进行到一半，另一位女孩的成绩开始变得不稳定，而且越来越失去准头，眼看她也将失去拿冠军的机会，教练把目光投向最后一名选手。

只见第三位女孩沉着老练，她的每一只箭几乎都命中靶心。最终，这位女孩如愿以偿，取得了金牌。

这第三位女孩，就是韩国公认的“神箭手”金水宁。

事后，教练问第一位弟子失败的原因，她说，她从一开始就想“保”，这种想法强烈地占据在心里，反而给她造成了压力；第二位弟子说，当她射出糟糕的第一箭后，她很想“追”，但越想追就越急躁，以至于影响了后面的成绩。

问到金水宁成功的秘诀时，她平静地说：“我看到的只有靶心，我连箭都看不见了，而且，我绝不留恋射出去的箭。”

心中有太多的杂念，就会顾忌太多，偏离了正确的方向。真正的高手，只看得见靶心，一心向着理想而去。

过去的事情已经成为历史，倘若我们一直沉浸在昨天失败的阴影中，心中杂念丛生，就会找不到正确的方向，失去了改变命运的机会。

把握自己的命运，要果断地丢弃昨天失败的记忆，以不变的意志继续生命的征程。

只是少了一枚钉子

数百年来，这首古老的苏格兰民谣，代代相传，广为传唱，它诉说的是一段真实却无情地历史。

为抢夺英国国王的权杖，英格兰的王室查理三世与加斯特家族的亨利伯爵已相互厮杀了 30 多年。

1485 年冬天，在波期沃斯城郊的荒原上，双方最后的较量开始了。两军对垒，但见刀光剑影，旌旗猎猎；只闻战马萧萧，锣鼓铿锵。查理三世气宇轩昂，策长鞭，挥长剑，主动出击；千军万马紧随其后，步步紧逼；而对方则连连后退，其身后的不远处，则是一片辽阔的沼泽泛着绝望的寒光。

查理三世似乎已经看到了胜利女神灿烂的微笑。然而就在这时，突然，战马一个趔趄，查理三世摔倒在地。

众官误以为统帅中箭身亡，顿时军心大乱，慌作一团。亨利伯爵趁势大举反攻，在阵前生取查理首级，对方不仅转败为胜，还将英格兰置于都铎王朝的统治之下。

原来，决战前夕，马夫在给查理三世的战马换马掌时，发现少了一枚钉子，一时寻觅不得，马夫便草率地将就过去了。

谁能料到，就在发起总攻的关键时刻，那只少钉了一枚铁钉的马掌偏偏松了，掉了；马既失蹄，查理三世怎能不摔倒在地？

就这样，一枚铁钉改写了一部历史。

人生絮语：

有句话叫：阻挡你前行的也许不是大山，而是你鞋里的一粒沙子。一件小事，可能就能改变一个人的命运。

把握自己的命运，除了在关键时刻把握好方向之外，也不要忘了倒掉鞋子的沙子，或者钉好马掌。

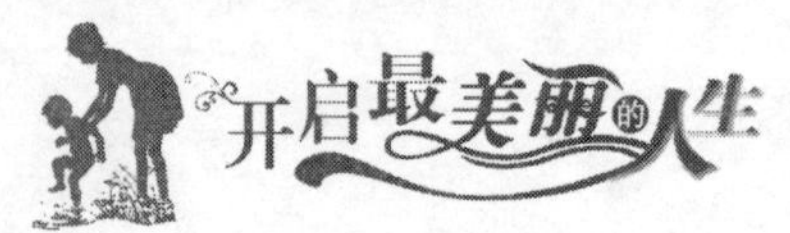

波茨坦磨坊

19 世纪的德国有个皇帝叫威廉一世，他在波茨坦市近郊盖了一座占地面积很大的豪华行宫。

可是，他发现行宫不远处的一间磨坊十分碍眼，刚好把前面的风景挡住了。

威廉一世很不高兴，他找来内务大臣，让他去给磨坊主一些钱，把磨坊拆了。

内务大臣找到了磨坊主，可磨坊主说："那是祖宗传下来的财产，我的任务就是维护下来，一代一代传下去。这间磨坊是我们家族的无价之宝，我自己无法决定。"

威廉一世以为磨坊主嫌钱太少，于是决定提高补偿金额。内务大臣再次转告磨坊主，可磨坊主还是不买账，表示这磨坊坚决不卖。

威廉一世很生气，就派出宫廷卫队把房子强行拆了。拆房子的时候，磨坊主说："皇帝当然权高势重，但德国尚有法院在!"

第二天，磨坊主就将一纸诉状送到德国地方法院，状告皇帝。不久，法院作出判决，皇帝败诉，而且必须将磨坊"恢复原状"。

威廉一世只得派人把已拆毁的磨坊重新建了起来。

几十年后，威廉一世去世了，磨坊主也离开了人世。磨坊主的儿子因为经济拮据，准备将磨坊出售给威廉二世，他认为这是一件两全其美的事情，既可以给行宫以更开阔的视野，又可以销毁威廉一世在世时官司失败的物证。

威廉二世送给磨坊主的儿子 6000 马克，并亲笔写信嘱咐他，这磨坊是德意志国家司法独立和裁判公正的纪念，也是他们家族的光荣所在，要求他把这磨坊世世代代传下去。

现在，波茨坦市那座古旧的磨坊仍在，每年都有不少观光者，特别是一些法律专业毕业的大学生前来参观。在德国，参观波茨坦磨坊成为法律界人

士从业前的一门必修课。

人生絮语：

在权势面前，人们常常丢掉自己的尊严，命运在丧失尊严的同时也会发生改变。

而那位老磨坊主在皇室面前所表现的镇定和勇气，不仅捍卫了自己的人格和尊严，也让自己的家族永远载入了国家的史册中。

凡事全力以赴

鲍威尔是美国首位担任国务卿职务的黑人。他雷厉风行，凡事全力以赴。这种做事风格成为人们津津乐道的话题。其实，鲍威尔并不是出身名门望族，这位黑人国务卿家道寒微，他年轻时胸怀大志，但为了生计，他不得不去做各种繁重的体力工作，补贴家用。

一年夏天，鲍威尔在一家汽水厂当杂工，除了洗瓶子外，老板还要他抹地板、搞清洁，这些活儿他都毫无怨言地认真去干。

一次，有人在搬运汽水箱时打碎了50瓶汽水，弄得车间一地玻璃碎片和泡沫。按常规，这个乱摊子是要打碎汽水的工人去清理的，但老板为了节省人工，却要干活麻利爽快的鲍威尔去打扫。

鲍威尔有点气恼，不想去做，但转念一想，自己是厂里的清洁杂工，这也是分内的活儿。于是，鲍威尔就开始一个人打扫地板，尽力地把满地狼藉的脏物清除干净。

过了两天，厂负责人通知他：他晋升为装瓶部主管。自此，鲍威尔记住了一条真理：凡事全力以赴，总会有人注意到自己的。

不久，鲍威尔以优异的成绩考进了军校。后来，鲍威尔官至美国参谋长联席会议主席，衔领四星上将，之后他膺任北大西洋公约组织、欧洲盟军总

司令的要职，并最终成为布什总统内阁的国务卿。

鲍威尔一直全力以赴地工作，在五角大楼上班时，这位四星上将往往是最早到办公室又是最迟下班。同僚们曾赞赏说：“我们的黑将军，时刻都是全力以赴啊！”

人生絮语：

生命中的很多事情，我们不能改变，我们能改变的，只有自己。

让自己接受现实，并全力以赴地去做，在不经意间，我们就会发现，事情的结局远比想象中的要好得多。

捡垃圾的年轻人

一个年轻人大学毕业后去了深圳，想要靠自己的打拼闯出一番事业来。

但没想到，刚下火车他的钱包就被偷了，他成了身无分文的人。

在受冻挨饿了两天后，他决定拣垃圾度过这些艰难的日子。虽然捡垃圾要忍受人们的白眼，但至少能够解决吃饭问题。

一天，他正在拣拾垃圾，忽然感觉背后有人注视着自己。他回过头去，发现有个中年人站在他的背后，中年人拿出了一张名片，对他说：“这是一家正在招聘的公司，你可以去试试。”

面试的场面非常热闹，五六十个人同一个大厅里，等着招聘人员叫号，很多人都是西装革履，他看看自己的寒酸样子，有点自惭形秽。他想退下来，但最终还是坚持等了下去。

轮到他时，他递上了那个人给的名片，招聘人员看到名片，就伸出手来：“恭喜你，你已经被录取了。”

他非常地不解，招聘人员补充说，“这是我们总经理的名片，他曾经吩咐过，有个年轻人会拿着这张名片来应聘的。他只要来了，就成为我们公司的一员了，欢迎你加入我们公司!”

就这样，没有经过任何的面试，他进入了这家公司。

后来，经过不懈的努力，他成为了公司的副总经理，位置仅次于递给他名片的公司经理。

“你为什么会选择我?”在闲聊时，他都会问总经理同一个问题。

“因为我会看相，知道你是栋梁之材。”每次，总经理都是这样神秘兮兮地回答他。

又过了两三年，公司业务越做越大，总经理要去另一个城市开发市场。临走时，他将这个城市的所有业务都委托给了他——这是意料中的事，亦是众望所归。

就在送行那天，总经理告诉了年轻人这个问题的答案。

“你一直都很想知道，我为什么会选择一个拣拾垃圾的年轻人，让他成为我公司的员工，最后还赐给他经理的宝座。”总经理淡淡地一笑，说起了往事。

“那是因为你自己很优秀！一次很偶然的机会，我看见你在拣拾垃圾，然后我刻意观察了你很久，你知道吗?你让我很震惊——你是我看到的，把有用的东西拣拾出来后，还会将剩下的垃圾再整理好放回垃圾箱的唯一一人。”

“当时我就在想，一个在这样不利的环境下，还能够注意这种细节的人，无论他是什么学历，什么背景，我都应该给他一个机会。而且，连这种事情都可以做到一丝不苟的人，不可能不成功。”

人生絮语：

通往成功的路上，总有那么多的挫折，让我们措手不及。失望、迷茫，甚至一蹶不振，我们相信自己无比坚强，可有时，又是如此的脆弱。

失败的人总是羡慕上天赐给成功者的机会，却看不到成功背后真正的玄机。如果你是对的，你的世界就是对的。不论身处怎样的困境，都不要忘了，坚持自己的信念，做最好的自己。

爆炸发生后

威尔逊是一位成功的企业家，他从一个普普通通的事务所小职员做起，经过多年的奋斗，终于拥有了自己的公司。

一天，威尔逊从他的办公楼出来，刚走到街上，就听见身后传来“嗒嗒嗒”的声音，一位盲人正在用破竹竿敲打地面。威尔逊先生愣了一下，缓缓地转过身。

那盲人感觉到前面有人，连忙打起精神，上前与威尔逊搭话：“尊敬的先生，您一定发现我是一个可怜的盲人，能不能占用您一点点时间呢?”

威尔逊说：“我还要去会见一个重要的客户，你要什么就快说吧。”

盲人在一个包里摸索半天，掏出一个打火机，放到威尔逊的手里：“先生，这个火机只卖一美元，这可是最好的打火机啊。”

威尔逊叹了口气，把手伸进西服口袋，掏出一张钞票递给盲人：“我不抽烟，但我愿帮助你，这个打火机，也许我可以送给开电梯的小伙子。”

盲人用手摸了一下那张钞票，竟然是100元！他用颤抖的手反复摸索着这张钞票，嘴里连连感激着：“您是我遇见过的最慷慨的先生！仁慈的富人啊，我为您祈祷！上帝保佑您！”

威尔逊笑了笑，正准备走，盲人拉住他，又喋喋不休地说：“您不知道，我并不是一生下来就瞎的，都是23年前布尔顿的那次事故！太可怕了！”

威尔逊一震，问道：“你是在那次化工厂爆炸中失明的吗?”

那盲人仿佛遇到了知己，兴奋得连连点头：“是啊是啊，您也知道？这也难怪，那次事故中单单是炸死的人就有93个，伤的人有好几百，可是头条新闻啊！”

盲人想用自己的遭遇打动威尔逊，争取多得到一些钱，他可怜巴巴地说了下去：“我好可怜！到处流浪，孤苦伶仃，吃了上顿没有下顿，死了都没人知道！”他越说越激动。

“您不知道当时的情况，火一下子冒了出来！仿佛是从地狱中冒出来的！逃命的人群都挤在了一起，我好容易冲到门口，可一个大个子在我身后大喊：“让我出去！我还年轻，我不想死！”他把我推倒了，踩着我的身体跑了出去！我失去了知觉，等我醒来，就成了瞎子，命运真不公平啊！”

威尔逊冷冷地说：“事实恐怕不是这样吧？你说反了。”

盲人一惊，用空洞的眼睛呆呆地对着威尔逊。

威尔逊先生一字一顿地说：“我当时也在布尔顿化工厂当工人，是你从我的身上踏过去的！你长得比我高大，你说的那句话，我永远都忘不了！”

盲人站了好久，突然一把抓住威尔逊，爆发出一阵大笑：“这就是命运啊！不公平的命运！你在里面，现在出人头地了，我跑了出去，却成了一个没用的瞎子！”

威尔逊用力推开盲人的手，举起了手中一支精致的棕榈手杖，平静地说：“你知道吗？我也是一个瞎子，你相信命运，可我不相信。

同样是遭遇不幸，有的人屈服于命运，从此一蹶不振；而有的人，自己拯救自己，勇敢地与命运抗争。

面对自己的不幸，屈服于命运，自卑于命运，并企图以此博取别人的同情，这样的人只能永远在自己的不幸中哀鸣，不会有站起来的一天。

同样在一场大火中遭遇不幸，威尔逊却能扼住命运的喉咙，最终成为赫赫有名的盲人企业家。他是把握自己生命之船的舵手。

找到北极星

位于非洲西北部的比塞尔是一个景色优美的小村庄，堪称西撒哈拉沙漠中的一颗明珠，每年有数以万计的旅游者来到这儿。

可是在肯·莱文发现它之前，这里还是一个封闭而落后的地方，这里的

人没有一个走出过大漠，据说不是他们不愿离开这块贫瘠的土地，而是尝试过很多次都没有走出去。

肯·莱文不相信这种说法，他用手语向这儿的人询问原因，结果每个人的回答都一样：从这儿无论向哪个方向走，最后都还是转回出发的地方。

肯·莱文为了证实这种说法，做了一次试验，他从比塞尔村向北走，结果三天半就走了出来。

比塞尔人为什么走不出来呢？肯·莱文非常纳闷。

最后，肯·莱雇了一个比塞尔人，让他带路，他想知道他们走不出去的原因。他们带了半个月的水，牵了两峰骆驼，肯·莱文收起指南针等现代设备，只拄一根木棍跟在后面。

十天过去了，他们走了大约八百英里的路程，第十一天的早晨，他们果然又回到了比塞尔。

肯·莱文终于明白了，比塞尔人之所以走不出大漠，是因为他们根本就不认识北斗星。

在一望无际的沙漠里，一个人如果凭着感觉往前走，他会走出许多大小不一的圆圈，最后的足迹十有八九是一把卷尺的形状。比塞尔村处在浩瀚的沙漠中间，方圆上千公里没有一点参照物，若不认识北极星又没有指南针，想走出沙漠，确实是不可能的。

肯·莱文在离开比塞尔时，带了一位叫阿古特尔的青年，就是上次和他合作的那个人。他告诉阿古特尔，只要白天休息，夜晚朝着北面那颗星走，就能走出沙漠。

阿古特尔按照肯·莱文说的去做，三天之后果然来到了大漠的边缘。阿古特尔因此成为比塞尔的开拓者，他的铜像被立在小城的中央，铜像的底座上刻着一行字：把握命运是从选定方向开始的。

一个人真正的生命之旅，是从选定方向的那一刻开始的。没有选定方向之前，生活都只是在绕圈而已。

因此，当你选对方向的时候，你就能够笔直前行，你就能够将命运握在自己手中，最终到达成功的彼岸。

第 2 章

营造爱的家园

爱情使者丘比特问爱神阿弗洛狄忒："Love 的含义是什么？"

爱神回答：

"L"代表 Listen（倾听），爱就是要无条件、无偏见地倾听对方的需求，并且予以帮助。

"O"代表 Obligate（付出），爱需要不断地奉献，付出更多的情感，浇灌爱的种子。

"V"代表 Valued（尊重），爱就是展现你的尊重，表达你的体贴，真诚地鼓励赞美对方。

"E"代表 Excuse（宽恕），爱就是仁慈地对待，宽恕对方的缺点与错误，保持优点与长处。

※　　※　　※

亲情、友情、爱情，世间无处不在的爱就这样滋润着我们，让我们的人生旅程充满惊喜与感激。

因为有爱，我们在尘世获得了幸福。

当每个人的心中都有爱长存，当每个人都能够用一颗感恩的心去倾听世界的声音，尊重并仁慈地对待身边的每一个人，世界就会变成充满爱的家园。

不要仇恨世界

传媒大亨比尔小时候也只是个小报童，靠卖报养活自己。那年月，报童像蚂蚁一样多，瘦小的他不容易争到地盘，还常常挨揍，吃尽了苦头。

从炎热的夏日到寒冷的冬天，比尔都在街上叫卖，残酷的生活和冷漠的人心，让小小年纪的比尔就学会了愤世嫉俗。

一天下午，一辆电车拐过街角停下，比尔迎上去，准备通过车窗卖几份报。车正在起动的时候，一个胖男人站在车尾踏板上说："卖报的，来两份!"

比尔迎上前去送上两份报，车开动了，那胖男人举起一枚硬币只管哄笑，比尔追着说："先生，给钱。"

"你跳上踏板我就给你。"他哈哈笑着，把那个硬币在两个掌心里搓着，车子越开越快。

比尔把一袋报纸从腋下转到肩上，纵身一跃想跨上踏板，脚却一滑，仰天摔倒了。他正要爬起时，后边一辆马车"吱"的一声挨着他停下了。

车上一位拿着一束玫瑰花的妇人眼里噙着泪花，冲着电车骂道："这该死的、灭绝人性的东西，可恶!"然后，这位妇人俯身对比尔说："孩子，我都看见了，你在这儿等着，我就回来。"

随即，她对马车夫说："马克，追上去，给他点教训!"比尔爬起来，擦干眼泪，认出拿玫瑰花的妇人就是电影海报上的大明星梅欧文小姐。

10 分钟后，马车转回来了，妇人招呼比尔上了车，然后对马车夫说："马克，给他讲讲你都干了些什么。"

"我一把揪住那家伙，"马克咬牙切齿地说，"左右开弓把他的眼睛揍了个乌青，又往他太阳穴补了一拳，报钱也追回来了。"说着，他把一枚硬币放在比尔的手中。

"孩子，你听我说，"梅欧文对比尔说，"你会因为碰到这种坏蛋就把人都看坏了吗？世上坏蛋是不少，但大多数都是好人——像你，像我，我们都是好人，是不是?”

多年以后，比尔又一次品味马克痛快的描述时，猛然怀疑：只那么一会儿，能来得及追上那家伙，还痛痛快快地揍他一顿吗?

不错，马车甚至连电车的影子也没追着，它在前面街角拐个弯，调过头，便又径直向孩子赶来，向一颗受了伤、充满怨恨的心赶来。

人生絮语：

艰难困苦是好东西，比尔的成功要归功于苦难的磨砺，但他更应该感谢的是梅欧文小姐。

感激她那天的火气、她眼里的泪花和她手中的玫瑰，因为有了这些，比尔才没有沉沦，没有一味地把世界连同自己恨死。

“小丫”的幸福

王小丫是央视著名的主持人，谈起自己的名字，王小丫眼中总会流露出无尽的幸福。

王小丫，这个特别的名字是父亲给她起的，小时候因为有男同学给她起“小脚丫”的外号，她曾给自己改了个“王凯”的名字，还在作业本上整整写了一学期。但父亲仍然坚持让她使用“小丫”这个名字，他对王小丫说，长大后，她会知道其中的含义。

大学毕业后，王小丫在成都一家报纸做经济记者时，第一次尝到了“小丫”这个名字带来的甜头，因为这个简单又可爱的名字，读者很快就记住了她。

经济频道《小丫跑两会》的板块，已经持续运作了几年。领导之所以选用这个名字作为栏目名称，大概就是觉得“小丫”二字让人感到亲切、平和吧。

王小丫在北京广播学院进修时，父亲每个星期都给她写信，这个习惯一直保持到现在。即使电子邮件已经很普遍，她和父亲仍然坚持写信这个传统的通信形式。

每当把父亲的信拿在手上，熟悉的邮政编码和熟悉的字体，都会让王小丫感受到浓浓的亲情，读信的时候，她就像和父亲面对面聊天一样。

王小丫特别珍藏着父亲的一张有纪念意义的书法，上面写着："爱女在源头，老爸惦心头。"

那年，王小丫到位于可可西里的长江源头，在海拔 5000 多米的唐古拉山直播"长江源"揭幕仪式。这是中央电视台第一次在海拔这么高的地方作直播，王小丫也是第一次担任意义如此重大的外景直播主持人。

直播结束后，她刚赶回北京就收到了父亲的挂号信，信中除了他在直播过程中对着电视为女儿狂拍的照片外，还有他写的书法——"爱女在源头，老爸惦心头。"当时，王小丫非常感动，泪水一下子流了下来。

现在，王小丫终于明白了，父亲为什么要给她取"小丫"这个名字。这个简单的名字，融进了浓浓父爱，就像父亲唤着小女儿的乳名一样，让这种牵挂伴随她的一生。

人生絮语：

家庭对一个人的影响是巨大的，无论我们走多远的路，接受怎样的教育，我们的思维和处世方式都带着家庭的烙印。亲人的爱无处不在，它是激励我们前进的不竭动力。

长江大厦里的小车间

李嘉诚是家喻户晓的华人首富，可谓富可敌国，然而，李嘉诚的成长路程却非常艰难。

1950 年，他创建生产塑胶制品的长江工业总公司，在香港第一个研制、

生产出了符合香港人审美品位的塑胶花产品，掘得了人生的第一桶金。

上世纪 70 年代中期，塑胶花市场开始由热而冷，李嘉诚审时度势，决定将公司的业务重心向房地产转移，房地产代替塑胶花成为公司新的利润增长点。

一次，一个广告公司老板为寻找办公地点，去李嘉诚开发的长江大厦看楼时，竟意外地发现，在这座寸土寸金的大厦里，李嘉诚竟然还留有一个小小的车间在生产塑胶花！从事生产的都是些中年人，甚至是老年人，而产量更是低得可怜。

她心里不禁起了疑问：塑胶花已是明日黄花，长江大厦地处黄金地段，这个生产车间如果对外出租的话，其租金也是十分可观的，总比在这里搞这种生产划算得多。

在生意场上打拼多年的李嘉诚为什么会犯这样的低级错误？于是，她向李嘉诚探问究竟。

李嘉诚微微一笑，说："你分析得很对，但你想过没有，那些员工在我的企业里干了那么多年，是他们创造了塑胶花的黄金时代，也成就了我的事业。现在他们老了，除了熟悉塑胶花的生产工艺别无所长，我若停止生产，将他们推出门去，他们的境遇将会如何？"

"一家企业就像一个家庭，他们是企业的功臣，理应得到这样的待遇。现在他们老了，作为晚辈，我们就该承担起照顾他们的义务。"

人生絮语：

塑胶花是没有生命的，但却能散发出爱的芬芳，用绚烂的色彩向世人展示人间的至真至美。世间因为有这种不忘关怀他人的大爱而更加温暖。

“洋娃娃会给你写信的”

1923年春天的一个午后，一位中年男子神情疲惫地走在柏林的一条大街上，他患有严重的肺痨，生命对他来说已经所剩无几。

一个小女孩坐在地上，哭泣声引起了他的注意。原来，小女孩丢失了心爱的洋娃娃，那个洋娃娃是她用积攒了一年的零花钱买的。

男子摸了摸口袋，他居然连一分钱也没有带，他只好哄小女孩说洋娃娃没有丢，可能是到别的地方玩去了。小女孩不听，依旧大声地哭。

男子皱着眉，小女孩的哭声让他很难过。突然，他的眼睛一亮，说：“洋娃娃要是过几天还没回来，她就会给你写信的。”

“给我写信?”小女孩止住了哭，好奇地看着他。

“是的。”男子笑着点头。

小女孩露出了笑脸，她倒要看看洋娃娃怎样给她写信呢。

几天后，小女孩果然收到了洋娃娃写来的一封信。在信里，洋娃娃详细地向她描述了自己在哪里玩，沿途都有什么美丽的风景。她读着这封信，觉得真是太神奇了。

以后，每隔一周，小女孩都会收到一封信，这些信在她的眼前展开了一个神奇的梦幻般的世界。

可是两个月后，洋娃娃再也没有来信，它好像突然从这个世界上消失了。

小女孩收不到洋娃娃的信，整天哭哭啼啼，饭也吃不进去——她真怕她的洋娃娃出现什么意外。

一天，一个中年女子来到小女孩家，拿出一封信，信仍是洋娃娃写的——熟悉的笔迹，调皮的口吻。

小女孩捧着信，感到惊奇万分。女子是男子的遗孀，她在整理丈夫遗物时发现了这封未及寄出的书信，所以就按照信封上的地址找到了这里。

弄明白事情的原委后，小女孩的妈妈眼睛睁得大大的，一把抱过小女孩说："孩子，你知道给你写信的人是谁吗？他就是大名鼎鼎的作家卡夫卡啊！"

小女孩可不管这些，她知道自己受骗了，又伤心地哭了。

几年后，小女孩从课本里第一次看见卡夫卡这个名字，带着好奇，带着一点点激动和困惑，她开始慢慢走进卡夫卡的文字世界。

20岁时，女孩已经读完了卡夫卡的所有著作，再后来，她开始研究他、揣摩他，写了很多关于卡夫卡作品的论述，为卡夫卡作品的推介起到了举足轻重的作用。

40岁时，已为大学副教授的她谈起了30多年前的那个午后，谈起了那个洋娃娃的故事。

她说："伟大的心灵产生伟大的作品，当我能慢慢品味出那个善意的'欺骗'背后蕴藏的大爱和无私时，我就知道，我的生命从此再也无法和这个人的名字分开了。与其说那是一些书信，不如说是一个濒临死亡的人给予一个孩子的最好礼，更是给予这个世界的最后阳光和温暖。"

那些书信，她一生珍藏，最后全部捐给了国家博物馆。从某种意义上说，它们是卡夫卡最好的作品。

那些静静地躺在维也纳博物馆里的书信，作为一段感人故事的见证，也见证着伟大的心灵。它向全世界表明，对弱小生命的关爱，才是一个作家最好的作品。

贝利老爹的"拥抱戒烟法"

球王贝利是足球圈里的"另类"，他不抽烟，也没有沾染任何足球圈里的恶习，他以惊人的足球天赋和高尚谦逊的品格，被誉为20世纪最伟大的运动员。

但少年时代的贝利却有一段向别人要烟抽的经历，是父亲的一个拥抱，才让他浪子回头。

贝利出生在巴西海岸线附近一个贫困的小镇里，父亲是位因伤退役、穷困潦倒的前足球运动员。

贝利从小酷爱足球运动，很早就显现出踢球的天分，因为家里穷，父亲没有钱买足球，但为了鼓励儿子贝利对足球的热爱，他用大号袜子、破布和旧报纸，做成了一个自制“足球”送给儿子。从此，贝利常常光着黑瘦的脊梁，在家门前坑坑洼洼的街面上，赤着脚向想像中的球门冲刺。

10岁时，贝利和伙伴们组建了一支街头足球队，在当地渐渐小有名气。足球在巴西人的生活中有着举足轻重的地位，因此镇里开始有不少人向崭露头角的贝利打招呼，还给他敬烟。

贝利很享受那种吸烟带来的“长大了”的感觉，渐渐有了烟瘾。但因为买不起烟，他开始到处找人索要。

一天，贝利在街上向别人要烟时被父亲撞见了，父亲的脸色很难看，眼里充满了忧伤和绝望，甚至还有恨铁不成钢的怒火，贝利不由得低下了头。

回家后，父亲问贝利抽烟多久了，他小声辩解说自己只吸过几次。忽然，贝利看见面前的父亲猛然抬起了手，他吓得肌肉紧绷，不由自主地捂住自己的脸。父亲从来没有打过他，可今天他的错误确实有些大了，小小年纪就抽烟，而且还撒谎。

然而出人意料的是，父亲给他的并不是预想的耳光，而是一个紧紧的拥抱。

父亲把贝利搂在怀中说：“孩子，你有踢球的天分，可以成为一个伟大的球员，但如果你抽烟、喝酒、染上各种恶习，那足球生涯可能就至此为止了。一个不爱惜身体的球员，怎么能在90分钟内一直保持较高的比赛水平呢？以后的路怎么走，你自己决定吧。”

父亲放开贝利，拿出瘪瘪的钱包，掏出里面仅有的几张纸币说：“如果你真忍不住想抽烟，还是自己买的好，总向别人索要，会让你丧失尊严。”

贝利感到十分羞愧，眼泪几乎要夺眶而出，可当他抬起头时，发现父亲的脸上已是泪水纵横……

多年以后，已成为一代球王的贝利仍不能忘怀当年父亲的那个拥抱，他

说："在几乎踏上歧路时，父亲那个温暖的拥抱，比给我多少个耳光都更有力量。"

人生絮语：

水是世界上最柔弱的东西，但却能滴穿顽石。弱之胜强，柔之胜刚者，除了自然界的水，还有爱。

爱，没有利剑的强韧，没有武力的威猛，却能化干戈为玉帛，再强横的心也能在爱的拥抱中变得温情脉脉。

"喊"出来的爱

他是一个普普通通的男人，在他度蜜月的一天晚上，公司安排他加班，11 点时他回来了，妻子要他陪自己一起到不远处的小河里游泳。

妻子出门了，他却仍在屋子里磨磨蹭蹭，他叫住妻子："剪子在哪?"

妻子很不解："游泳，要剪子做什么?"

他解释说："河里有渔民布下的渔网，你要是万一被渔网缠住了，拿剪子一剪，危险也就剪开了。"

她听了，心中就如有爱的网，丝丝缕缕，缠绕错结；又似有幸福的潮，汹汹涌涌，翻滚奔腾。

家中安煤气热水器时，他 59 岁，妻子 51 岁，他们的婚姻已和和美美地走过了 26 个春秋。妻子放热水洗澡，他却在浴室外面，每隔两三分钟，都要大声喊她的名字。

妻子有些烦了，喊什么喊，洗个热水澡都不消停！可第二天再次洗澡时，他仍会守在门外，还是要每隔两三分钟喊她一次。

后来妻子得知，他之所以要"烦"自己，是他在担心自己煤气中毒。

他说："听不见你的动静我喊你一两声，你应了，知道你安全，我也就放心了。"

这样，每次洗澡时，妻子的心总是暖暖的。

他就是中国最著名的“农民”，杂交水稻之父袁隆平，他的妻子邓哲最乐意让他喊自己、叫自己，因为，让他“喊”一辈子是最幸福的。

《我负丹青》是大画家吴冠中的自传，读这本书时总让人潸然泪下，感动人们的，除了吴冠中追求艺术的不屈意志之外，还有他 60 多岁时一次对妻子的“喊”。

他和妻子一起去野外写生，他一边画着，一边不时喊沉迷于山峦秀色的妻子一两声。一幅他自己十分满意的作品将要完成，他欣喜地喊妻子快来看，可一连几声没有人应。他一抬头，妻子不见了，他由张皇地喊，到哭着喊，喊她的乳名，一边喊，一边踉踉跄跄四处寻找。

他后来说，当时的心情是，什么画板、丹青、艺术、事业，一切都不要了，他只要他的妻子。

人生絮语：

真正长久的爱情是褪去青涩、淡化激情之后的相濡以沫；是将甜言蜜语化作每日叮咛之后的长相厮守；是彼此都不必言传，却能心神领会的默契相投……

两个男人的喊，虽说只有一两个字，可一两个字的背后，却有着金子一样的重量和光芒……

怜悯的力量

有这样一个孩子，在学校时的功课差极了，老师说他的智力有问题。看上去，孩子的确有些沉默寡言，他可以一个人坐在屋前的花园里看着花草小虫很长时间。

他的父亲教训他：“除了打猎、养狗、捉老鼠以外，你什么都不关心，将来会有辱你自己，也会有辱你的整个家庭。”

他的姐姐也看不起这个学习成绩平平、行为怪异的弟弟，他在家庭中是一个不受欢迎的人。

但是他的母亲却怜悯他，她认为：如果孩子没有那些乐趣，不知道他的生活还会有什么色彩。她对丈夫说："你这样对他不公平，让他慢慢学会改变吧。"

丈夫说："你这是怜悯，不是教育，你会毁了他的一生。"

但她却固执己见，因为，这是她的孩子，需要她的安慰和鼓励。

她支持这个孩子到花园中去，还让他的姐姐也去。母亲耍了一个小心机，她对姐弟俩说："比一下吧，孩子们，看谁从花瓣上先认出这是什么花？"

果然，这个孩子要比他的姐姐认得快，于是，母亲就吻他一下。这对这个孩子来说，是十分兴奋的一件事，他能回答出姐姐无法回答的问题！

之后，他开始整天研究花园的植物、昆虫等，甚至观察到了蝴蝶翅膀上的斑点的数量。

对于孩子母亲的做法，孩子的父亲觉得不可理喻，他认为：那种怜悯是无助无望的，除了暂时麻醉孩子之外，根本毫无益处。

但是，就是这位醉心于花草之中的孩子，体会到了母亲那藏于怜悯背后的真爱与尊重，才能够让他一直专心于自己喜欢的事物，最终，在多年以后，他成为了生物学家，创立了著名的"进化论"。

这个孩子就是达尔文。

人生絮语：

怜悯不是可怜别人，把别人当成弱者，真正的怜悯是对生命的尊重。这种怜爱，是心疼，是鼓励，是一个卑微的生命走向成功的动力。

希望的鲜花

乔治是华盛顿一家保险公司的营销员，为女友买花时认识了一家花店的老板——本，但也只是认识而已，他也只在本的花店里买过两次花。

后来，由于为客户理赔一笔保险费，他被莫名其妙地以诈骗罪投入监狱。

他将要坐20年的牢！闻此消息，女友离他而去。

面对从天而降的灾难，乔治悲愤不已，女友的离去更让他痛苦不堪，只在狱中过了一个月，乔治便感到要疯了。

就在他郁闷至极时，有人前来看他。乔治在华盛顿没有一个亲人，因此实在想不出来者是谁。

在会见室，他不由得怔住了，原来是花店的老板，他给乔治带来了一束鲜花。

虽然只是一束鲜花，乔治却从中感受到人世的温暖，希望之火开始在他的心头重新燃烧，他安下心来，在监狱里大量读书，钻研电子科学。

6年后，乔治提前获释了。他先在一家电脑公司做雇员，不久自己开了一家软件公司；两年后，他已经身价过亿。

成了富豪的乔治去看望本，却得知本已于两年前破了产，一家人贫困潦倒，举家迁到了乡下。

经过很长时间的寻找，乔治终于见到了本。乔治对本说："是你的一束鲜花使我留恋人世的温暖，给予我战胜厄运的勇气，无论我为你做什么，都不能回报你当年对我的帮助，我想以你的名义，捐一笔钱给慈善机构，让天下所有的人都感到你博大的爱。"

此后不久，乔治果然捐款成立了"华盛顿—本陌生人爱心基金会"。

人生絮语：

一束鲜花竟然如此神奇，他给绝境中的乔治带来了希望，重新点燃了他生命的激情。事实上，这个世界上的许多悲剧都源自于对爱的绝望，只要有爱，人生就会有希望。

在车站擦皮鞋的明星

电影《中央车站》是一部巴西经典电影，曾经获得过四十多个国际电影节大奖，电影讲述了一位老妇人朵拉，陪同一个孩子约书亚去远方寻找他爸爸的故事。

在电影开拍之前，年轻的电影导演沃尔特需要从全国各地的小孩儿中选择一位男主角。这天，他有事来到城市的一个车站，一个小男孩儿要为他擦皮鞋。他当时拒绝了这个孩子。

但这个男孩还是追着问他，能不能借给自己一些钱，好让他买个面包，等他擦鞋挣了钱，就把钱还给他。

这时他才发现，眼前的这个瘦弱的孩子和自己想象中的电影男主角很相似，他给了孩子买面包的钱，并且告诉他，明天可以去他的工作室找他，不但有饭吃，还可以挣钱。

第二天，当他来到工作室的时候却惊呆了，擦鞋的小男孩不但自己来了，而且还带来了几乎所有的在车站擦鞋的孩子。

导演在这些孩子中间，发现有几个孩子比昨天要给他擦鞋的孩子还机灵，似乎也更适合当这个电影的男主角，但是最后，他还是决定让这个孩子来试试，因为他觉得这个孩子是善良的，而电影的男主角也是一个善良的孩子。

不出所料，这部电影获得了巨大的成功，一个在车站擦皮鞋的孩子，就此走上了“星光大道”，他就是巴西家喻户晓的明星——文尼西斯。

人生絮语：

中国有句老话：善有善报，恶有恶报。善良的人得到回报，收获幸福的事情不胜枚举。善良，对于每个人来说是一种更高深、更大公无私的爱，正是因为这种爱，我们的世界才会充满阳光。

阴谋未逞的希特勒

1936 年的柏林，希特勒对 12 万观众宣布奥运会开始，他要借世人瞩目的奥运会证明雅利安人种的优越。当时，田径赛场上的最佳选手是美国的杰西·欧文斯，但德国有一个跳远项目的王牌选手鲁·兹朗，希特勒要他击败杰西·欧文斯——黑色人种。

两人的较量开始了，希特勒亲临观战。鲁·兹朗顺利进入了决赛，但杰西·欧文斯两次试跳都成绩最差，不是犯规就是成绩非常糟糕。其实，只要他这次跳过平时成绩的三分之一，就可以进入决赛。

这时，鲁·兹朗——这个消瘦、有着湛蓝眼睛的雅利安人运动员走到杰西·欧文斯跟前，用生硬的英语鼓励他，让他冲破心理障碍。

在鲁·兹朗的鼓励下，杰西·欧文斯第三次起跳，这次他差点打破奥运会记录！

几天后的决赛，鲁·兹朗破了世界纪录，可最后，杰西·欧文斯还是以微弱的优势赢得了冠军。

贵宾席上的希特勒脸色铁青，准备离场。突然，看台上情绪高昂的观众安静了下来。

只见失败的鲁·兹朗跑到成功的杰西·欧文斯跟前，拉起他的手，在 12 万德国人的面前高声喊道："杰西·欧文斯，杰西·欧文斯，杰西·欧文斯……"。

杰西·欧文斯举起另一只手来答谢，看台上爆发出阵阵“杰西·欧文斯，杰西·欧文斯”的声音。

杰西·欧文斯又拉起鲁·兹朗的手高呼：“鲁·兹朗，鲁·兹朗……”看台又是一片热浪。

没有诡秘的政治，没有人种的优劣，没有金牌的得失，选手和观众都沉浸在君子之争的感动中。

杰西·欧文斯创造的8.06米的纪录保持了24年，他在那次奥运会上荣获4枚金牌。

多年后，杰西·欧文斯回忆说，是鲁兹·朗帮他赢得了4块金牌，而且让他明白，单纯而充满关怀的人类之爱，是真诚且永远磨灭不了的。

人生絮语：

人类的大爱是无私的，它突破政治，不分种族，也没有利益的纷争，世界正是因为有了这种大爱，人间才更加美好，更值得留恋。

笨拙的海鸥

有个孩子对一个问题一直想不通：为什么他的同桌想考第一就能考第一，而自己想考第一却考了全班第二十一名？

回家后他问妈妈：“妈妈，我是不是比别人笨？我觉得我和他一样听老师的话，一样认真地做作业，可是，为什么我总比他落后？”

妈妈听了儿子的话，感到儿子开始有自尊心了，而这种自尊心正被学校的排名伤害着。她望着儿子，没有回答，因为她也不知道该怎么回答才不伤他的自尊心。

又一次考试后，孩子考了全班第十七名，而他的同桌还是第一名。回家后，儿子又问了同样的问题。

她真想说，人的智力确实有三六九等，考第一的人，脑子就是比一般人的灵。但是，这样的回答，难道是正确的答案吗？孩子听了会怎样呢？

她还是没有回答儿子的问题。但她一直在想，到底应该怎样回答这个问题呢？

有几次，她真想重复那几句很多父母重复了上千次的话——你太贪玩了；你在学习上还不够勤奋；和别人比起来还不够努力……以此来搪塞儿子。

然而，像她儿子这样不够聪明，在班上成绩不甚突出的孩子，压力已经够大的了，难道自己还要埋怨他？

她想为儿子的问题找到一个完美的答案。

儿子小学毕业了，虽然他比过去更加刻苦，但依然没赶上他的同桌，不过与过去相比，他的成绩一直在提高。

为了奖励儿子的进步，她带他去看了一次大海，就是在那次旅行中，这位母亲回答了一直困扰儿子的问题。

现在，这个孩子再也不担心自己的名次了，也没有人再追问他小学时成绩排第几名了，因为他已经以全校第一名的成绩考入了清华大学。

寒假归来，母校请他给同学和家长们做了一个报告，向大家传授成功的奥秘。在这次报告会上，他讲了小时候的一段经历：

“我和母亲坐在沙滩上，她指着大海对我说，你看那些在海边争食的鸟儿，当海浪打来的时候，小灰雀总能迅速地起飞，它们拍打两三下翅膀就能飞向天空；而海鸥总显得非常笨拙，它们从沙滩飞入天空总要很长时间，然而，真正能飞越大海横过大洋的却不是机灵的灰雀，而是笨拙的海鸥。”

这个报告让很多母亲流下了眼泪，其中也包括他自己的母亲。

人生絮语：

由一个自卑的小男孩成长为出类拔萃的青年才俊，二十多年的漫长岁月，这位母亲需要多大的耐心和坚韧才能创造这个奇迹！

母爱，是人类最伟大的一种爱，它保护了孩子的自尊心，也成就了孩子的一生。

世界上最矮的棒球王

埃迪·盖尔从小就很不快乐，他想不明白，为何自己的父亲和两个哥哥都是身高1米8的大个子，自己却是个身高不到1米的侏儒。在学校，他坐在最前一排，同学们都比他高出几个头。在家里，那3个大个子也都是俯视着看他，总把他当个小孩子。

埃迪·盖尔不愿意与同学们交往，男孩子爱玩的游戏和运动他都参与不了。有时他会坐在角落偷偷地掉眼泪，他心里想：盖尔啊！你真没用，活着真是太失败了。

一天，新来的体育老师杰里弗发现了埃迪·盖尔的不同，他决定帮助这个敏感的男孩树立起人生的信心。

杰里弗老师说："埃迪，你愿意参加我们的棒球队吗？"

埃迪·盖尔惊讶地望着杰里弗老师，问道："您认为，像我这个样子能参加棒球队，能打好棒球吗？"

杰里弗老师同样以反问的语气说："埃迪，难道你缺乏勇气吗？我们棒球队需要的只是勇气，可并没有其他要求呀！"

埃迪·盖尔恍然明白了杰里弗老师的良苦用心，他高兴得跳了起来："老师，我明天就报名参加棒球队！"

埃迪·盖尔拿着一杆和自己差不多高的棒球杆打得异常辛苦，杰里弗老师让他回家去将棒球杆锯掉10厘米。杰里弗老师还说，第二天有一场重要的比赛，他希望埃迪能够参加。

当埃迪回家高兴地将这件事告诉爸爸，并希望爸爸能帮他将棒球杆锯掉10厘米时，爸爸似乎并没在意，而是像哄小孩子一样地哄走了他。

埃迪只好去找他的大哥，正在为第二天攀岩做准备的大哥说："埃迪，真抱歉，你看我实在太忙了，不如你去找二哥。"

当埃迪找到二哥时，他正在跟女朋友打电话，二哥用手捂着话筒小声对埃迪说："小孩子家打什么棒球，赶紧睡觉去！"

埃迪·盖尔失落至极，他觉得自己的家人都不爱他，既然这样，他参加棒球队还有什么意义？他躺在床上默默地流泪，哭着哭着，就不知不觉地睡着了。

第二天，埃迪起床后才突然想起，今天还要参加棒球比赛呢。可又一想，父亲和两个哥哥都不愿意帮他将棒球杆锯掉10厘米，可见他们真的是不在乎他了。他颓然地坐在床上，再也不愿去学校了。

埃迪·盖尔不经意地瞥了一眼棒球杆，突然发现：棒球杆居然被锯去了30厘米!

原来，当天晚上，父亲突然觉得自己不应该拒绝儿子的要求，于是便悄悄地将埃迪·盖尔的棒球杆锯去了10厘米后放回了原处；同样，埃迪·盖尔的两个哥哥也偷偷地将棒球杆又锯掉了20厘米。这样，埃迪·盖尔的棒球杆便整整被锯掉了30厘米。

“原来，爸爸和哥哥还是爱我的!”埃迪·盖尔高兴地跳了起来。

埃迪·盖尔拿着超短的棒球杆，去了学校。虽然球杆用起来并不顺手，但因为心里充满了亲人的关怀和爱心，他竟然在赛场上表现极佳，从那些大个子中脱颖而出，成为了学校里小有名气的的棒球运动员。

那天，当埃迪·盖尔看到父亲和两个哥哥坐在台下热烈地为他鼓掌时，他紧握球杆对自己说：“我一定要成为世界上最好的棒球手!”

1951年，美国棒球联赛圣路易斯布朗队对底特律老虎队比赛的最后一局，圣路易斯布朗队派上了一个替补击球手，令人惊讶的是，上场的是一个身高不到1米的侏儒。

圣路易斯布朗队的教练比尔·威克，竟然让这样一名侏儒来当关键时刻的击球手！但是，这名叫埃迪·盖尔的侏儒表现得相当不错，竟然使球赛转败为胜，最终赢取了金牌。

这是埃迪·盖尔一生中最难忘的时刻，他说：“那一刻，我感觉自己就像棒球之王，我今天的荣誉，全都来自我的父亲和两个哥哥对我的爱!”

人生絮语：

一个鼓励，一句赞美就像一盏指路明灯一样，照亮孩子的未来。亲人那充满爱的激励最能激发孩子内在的潜能，成为他前进的动力。

被婴儿劝服的劫匪

一个劫匪在抢劫银行时被警察团团包围，在无路可逃的情况下，他劫持了一名妇女作人质。

当劫匪挟持人质开始向外突围时，人质突然大声呻吟起来。劫匪忙喝令人质住口，但人质的呻吟声却越来越大。

劫匪这才注意到人质原来是一名孕妇，她痛苦的声音和表情证明，她在极度惊吓之下马上就要生产。鲜血已经染红了孕妇的衣服，情况十分危急。

四周的人群，包括警察在内，心几乎都提到了嗓子眼，人们注视着劫匪的一举一动。

空气就此凝固，劫匪的脚步也似乎随之凝固。可他的枪，却下意识地更紧地顶住了人质的头部。

孕妇那撕心裂肺的尖叫声在猛烈地撕扯着在场的每个人的心。

一边是漫漫无期的牢狱之灾；一边是一条即将出生的生命。选择一个便意味着放弃另一个。

劫匪犹豫了。

终于，劫匪举起了枪……他将枪扔在了地上，随即举起了双手。警察一拥而上，围观人群中顿时响起了一片掌声。

孕妇已经不能自持，众人要送她去医院，已经戴上了手铐的劫匪忽然说："请等一下，好吗？我是医生！"

警察迟疑了一下，劫匪继续说，"孕妇已无法坚持到医院，随时会有生

命危险，请相信我!”

警察终于打开了劫匪的手铐。

一声洪亮的啼哭惊动了所有在场的人，人们欢声高呼，相互拥抱。

劫匪双手沾满鲜血——是一个崭新生命的鲜血，而不是罪恶的鲜血。他的脸上挂着职业的满足和微笑，人们向他致意，忘了他是一个劫犯。

这是一个绝对真实的故事，它发生在1999年的美国洛杉矶市。

人生絮语：

罪恶会被一个幼小的生命征服，不是因为他的强大，而仅仅在于，他是一个需要生存权利的生命而已。

人心深处，有爱长存。因为有爱，生命的征服，才如此简单，就连一个小婴儿都能劝服一个劫匪放下手中的枪。

生命分你一半

一个男孩与妹妹相依为命，父母早逝，妹妹是他唯一的亲人。所以，男孩爱妹妹胜过爱自己。

然而，灾难再一次降临在这两个不幸的孩子身上。妹妹染上重病，需要输血，但医院的血液太贵，男孩没有钱支付任何费用，尽管医院已免去了手术费用，但是不输血妹妹就会死去。

作为妹妹的唯一亲人，只有男孩的血型与妹妹相符。医生问男孩是否勇敢，是否能承受抽血时的疼痛。

男孩稍一犹豫，10岁的大脑经过一番深思熟虑，终于郑重又严肃地点了点头，仿佛做出了一个极其重大的决定，脸上洋溢着勇气和责任的神情。

抽血时，男孩安静地躺着，不发出一丝声响，只是向病床上的妹妹微笑。

抽血后，男孩躺在床上一动不动，目不转睛地看着医生将血液注入妹妹的体内。

手术完毕，男孩停止了微笑，声音颤抖地问："医生，我还能活多长久？"

医生正想笑男孩的无知，但转念间又被男孩的勇敢震撼了：在男孩10岁的大脑中，他认为输血会失去生命，但他仍然肯输血给妹妹，在那一瞬间，男孩所做出的决定付出了一生的勇敢并下定了接受死亡的决心。

医生的手心渗出了汗，他握紧了男孩的手说："放心吧，你不会死的，输血不会丢失生命。"

男孩眼中放出了光彩："真的？那我还能活多少年？"

医生微笑着说："你能活到100岁，小伙子，你很健康。"

男孩从床上跳到地上，高兴得又蹦又跳，他在地上转了几圈确认自己真的没事后，就又挽起了胳膊，昂起头，郑重其事地对医生说："那就把我的血抽一半给妹妹吧，我们两人活50年！

如果你爱一个人，能爱他到什么程度呢？海枯石烂心不变？天地合乃敢与君绝？还是……

平分生命，这不是孩子无心的戏言，而是人类最无私、最纯洁的爱。同别人平分生命，即使亲如父子、恩爱如夫妻，又能有几人能如此痛快、如此坦诚、如此心甘情愿地说出并做到呢？

如果你认为你真的爱一个人，你愿意和他平分生命吗？

我也要送你一部车

这一年的圣诞节，保罗的哥哥送给他一辆新车作为圣诞节的礼物。圣诞节的前一天，保罗从他的办公室出来时，看到街上一名男孩在他闪亮的新车

旁走来走去，触摸它，满脸羡慕的神情。

保罗饶有兴趣地看这个小男孩，从他的衣着来看，他应该是生活在一个贫穷的家庭，就在这时，小男孩抬起头，问道："先生，这是你的车吗？"

"是啊，"保罗说，"我哥哥送给我的圣诞节礼物。"

小男孩睁大了眼睛说："你是说，这是你哥哥送给你的，而你不用花一分钱？"

保罗点点头。

小男孩说："哇！我希望……"

保罗想小男孩肯定是希望也有一个这样的哥哥，但没想到，小男孩却说："我希望自己也能当这样的哥哥。"

保罗深受感动，他看着小男孩，问他："要不要坐我的新车去兜风？"

小男孩惊喜万分地点了点头。

逛了一会儿之后，小男孩转身向保罗说："先生，能不能麻烦你把车开到我家前面？"

保罗微微一笑，他理解小男孩的想法：坐一辆大而漂亮的车子回家，在小朋友的面前是多么神气的事啊。

但这一次，他又想错了。

"麻烦你停在两个台阶那里，等我一下好吗？"

小男孩跳下车，三步两步跑上台阶，进入屋内，不一会儿他出来了，并带着一个小孩，这个小孩因小儿麻痹症而跛着一只脚。很显然，这个小男孩就是他的弟弟。

他把这个小孩安置在下边的台阶上，紧靠着坐下，然后指着保罗的车子说："看见了吗？就像我刚刚跟你讲的一样，很漂亮对不对？这是他哥哥送给他的圣诞节礼物，他不花一分钱，将来有一天，我也要送你一部和这一样的车子，这样你就可以看到我一直跟你讲的橱窗里那些好看的圣诞节礼物了。"

保罗的眼睛湿润了，他走下车子，将跛脚的小男孩抱到车子前座位上，他的哥哥眼睛里闪着喜悦的光芒，也爬了上来。于是三人开始了一次令人难忘的假日之旅。

在这个圣诞节，保罗明白了一个道理：给予比接受更快乐。

人生絮语：

幸福的感觉，不是接受赐予时的感恩，而是给予别人快乐时的淡然。用自己的力量给别人带来欢乐，感受到自己存在的价值，才是爱的真谛。

只有这样，每个人才能收获真正的快乐。

给他们感恩的时间

对于她，人们只知道她是美国洛杉矶一位很富有的华籍商人，她每年都向中国内陆贫困山区的孩子们捐赠高达 50 多万美元的助学资金。

她的捐赠与别人不同，她从来不举行什么捐赠发布会，也不通过慈善机构，而是委托大陆的一位好朋友，通过电话和信笺等形式直接与当地学校联系，取得受助人的名单后直接把款项寄过去，并叮嘱受助人不要张扬，也不要什么回报。

为此，几位学校的负责人给一些受助孩子和他们的家长发去信函，希望他们能定期给资助者写封信，在汇报自己学习情况的同时也表达一下自己的感恩之情。

但令人没想到的是，在整个资助过程中，多数人没有给资助者写信，即便是写信的一些受助者，信的内容也多是强调自己家庭特别困难，希望多资助点，或者希望在学习以外的生活上也能给予帮助。洋洋洒洒十几页的信，往往没有一句“谢谢”之类的感恩话语……

但她却并没有停止捐款，几年时间过去了，她一如既往地资助山区的孩子们。

后来，她的事迹还是被媒体记者捕捉到了，消息来源于一名受助者，因为连续两个月没有按时收到捐款，这名受助者父母把电话打到了报社，说他们的孩子往年每月都会按时收到 300 元的助学款，但现在却突然断炊，他们

为此很着急，甚至抱怨说："怎么说不寄就不给寄了？"

就在他们说完这话的半月后，一封加急快件把款项送到了他们手中。

后来，经过记者的调查得知，其实他们的捐款早就预备好了，只是因为她的委托人所在的城市正赶上百年不遇的洪水，邮路中断了，钱款没有按时发出去。

记者也因此找到了她的委托人，希望能联系到这位资助者。

但她的委托人却淡然一笑说："免了吧，她嘱咐过我，不接受任何媒体的采访，也不能透露自己的姓名！"

"通常企业和名流捐款，如果受助者像这样不懂得感恩的话，可能早就被取消捐赠资格了，而她却……"

面对记者的疑惑，委托人笑笑说："我曾经问过她，对受助学生有什么要求吗？她对我只说了一句话'只要他们欣然接受就行！虽然现在他们不懂得感恩，但长大以后，他们会明白的，我们需要给他们感恩的时间'"

人生絮语：

施舍并不一定要求回报，也不是要获得某种施舍后的快感；资助者更多的是要保持一种宽容和对受助者的尊重，理解并同情受助者的不太阳光的心态。

虽然他们在短期内怀着理所应当、全无感恩的心态接受着捐助，但我们也应该给予他们改变这种心态的时间，让他们慢慢懂得感恩，懂得爱……

第 3 章

善待每一个人

一次，德国大文学家歌德外出散步，在小路上迎面碰到一位曾对他的作品提出过严厉批评的评论家。

这位评论家盛气凌人地对歌德说：“我从不给傻子让路！”

而歌德却答道：“而我正相反！”然后笑容可掬地闪到路的一边。

※ ※ ※

善待身边的每一个人，不管是亲人、朋友还是敌人。学会善待每一个人，用理性、善意、爱心和责任去面对生活的现实。

只有善待每一个人，才能把自己融入人群，获得友谊、信任、谅解和支持；才能在人生的道路上，拥有快乐的感觉，走向充满希望的未来。

两个背数学题的女孩

这是两个曾遇到同样的难题，却拥有不同人生的女孩。

一个女孩在读初中时，作文成绩非常好而数学极差，几次考试都不及格。为了不让父母和老师失望，她硬生生地把数学题死背下来，三次小考，数学都得了满分。

数学老师认为，她能有这么好的成绩，肯定是作弊了。她是个倔强而又敏感的女孩，受不了老师的质疑，她就直言不讳地对老师说："作弊对我来说是不可能的，就算你是老师，也不能这样侮辱我。"

结果，被冒犯了的老师气急败坏，单独给她发了一张她根本没有学过的方程式试题，让她当场吃了鸭蛋。之后，老师又拿蘸了墨汁的毛笔，在她眼眶四周涂了两个大圆饼，然后让她转身给全班看，又让她去大楼的走廊上走一圈。

这一事件的结果是：其一，老师让她休学，她自闭了七八年，严重时，连与家人同坐一桌吃饭的勇气都没有；其二，养成了她终生悲观、敏感、孤独的性格。尽管她一生走过 48 个国家，写了 26 部作品，用她的作品帮助很多人树立起豁达、坚强的人生信念，但她自己始终走不出心灵的阴影。

而另一个同样是数学不好的女孩，却有着完全不同的经历。

读初中时，这个女孩的国文成绩也非常好，曾在年级的国文阅读测验中得过第一名。但她的数学相当糟糕，数学课本就像天书一样，数学老师教的东西，她没一样能懂。她觉得自己就是天生的"数学盲"，并且断言这种盲永远无药可救。

她跌跌撞撞地读到初三时，数学要补考才能参加毕业考试。她知道数学通不过，她可能连参加毕业考试的机会都没有。为了能通过考试，她只好整晚不睡觉，把一本《几何》从头背到尾。

第二天上数学课时，老师讲到一半，忽然停下来，在黑板上写了 4 道题让全班演算。这没头没脑的 4 道题在下午补考之前出现在黑板上，又与正在学的内容毫无关系，再笨的学生也明白老师的良苦用心。

于是，她忽然就成了全班最受怜爱的人，几位同学把 4 道题的标准答案写出来教她背。

很幸运，这四道题她背会了 3 道，在下午的补考中得了 75 分，她终于能够参加毕业考试，顺利地毕业了。

后来，这个女孩说，初中最后的那堂数学课连同数学老师关切和怜爱的眼神，一并成为她生命中最温馨的记忆，让她终生难忘。

第一个故事中的女孩是三毛，第二个故事中的女孩是席慕容，她俩都是人们深爱并为之痴迷的女作家。但两个人的性格和文风却大相径庭。

人们可能会问：为什么美丽倔强的三毛总让人心痛又让人绝望，而外表平平的席慕容却既让人心怡又令人神往？

也许，她们的人生轨迹甚至作品的风格，早在那堂数学课上就已经形成了吧。

三毛之所以自闭、孤僻，与她的这次经历不无关系。她碰到的是一位看重成绩而忽视人格、具有强烈权威意识的数学老师，他为了维护自己所谓的尊严而滥用权力，给完全没有防范能力的三毛，在精神上以致命的一击，让她穷尽毕生精力都无法从那种伤害中复原。

席慕容则非常幸运，她的数学老师并没有因为她在数学方面的不足而全盘否定她，而是默默地、小心地维护了她的自尊心，让她有条件在更适合自己的领域里振翅高飞。

在自己最不擅长的领域里，席慕容得到的都是发自内心的怜爱与关怀，难怪她总是对生命充满眷恋，对人世充满信心。

人生絮语：

有些人永远都不知道，他一个不经意的举动，可能会给别人的一生产生多大的影响。

善待每一个人，需要保护好他人脆弱的自尊心。一个关爱的眼神，一次善意的欺骗，就能给别人温暖的呵护，让他的世界充满阳光。

他人安则己安

美国夏威夷一所教会中学新转来一个瘦瘦的高个子华人学生，这个学生看上去很穷。他总是穿一身朴素的布衣服，到了节日也没见过他穿新衣服。还有，他从不乱花钱，没人见他吃过一次零食。

这样“抠门”的学生一定会招人嫌吧？

错了，他待人诚恳，乐于助人，讲话彬彬有礼，尊重师长。在外出集体活动时，他总是给老师和同学们让座，他也总是走在队伍的后面，以便照顾其他同学。

为了维持生活，他在刻苦读书之余，不得不同时打三份工：早晨去路边卖报纸；夜晚去学校附近的饭店刷盘子；星期天去附近的农庄锄草。凭着他的勤劳，生活自给自足是绰绰有余的，可他却时常陷入困境，他挣的钱哪去了呢？

原来，他在班里担任班长职务，周围经常聚集一大帮朋友。偶尔朋友们手头紧了，向他借钱，他从不推辞，总是慷慨相助。有人借了钱一时还不上，遇到了困难，再次来找他借钱，他还会毫无怨言地借出去。

这样的事情经常发生，他只好自己省着花，节衣缩食，拼命打工挣钱，来完成自己的学业。

有一次临近春节了，他的一个福建籍朋友的母亲生病了，就来找他借钱，他把手中仅有的300美元全拿了出来。由于快过年了，许多人都放假，他无工可做，变得身无分文，连吃饭都成了问题。没办法，他只好打电话向国内的父亲求助。

父亲安慰了他一下，还是没答应寄钱给他，这时，哥哥夺过电话对他说：“你是成年人了，自己想办法吧，你在外面受点苦，这对你是个锻炼，这些苦日子是你人生道路上的财富。”

这时，同学们才知道他的家庭情况，原来他家是澳门首屈一指的富户，尽管他家里很有钱，但两年来，他一直没向家里要一分钱。

他越来越受到同学们的尊敬，现在，他遇到困难，同学们都来帮助他，主动给他送钱送物，这让他心里倍感温暖。

他在美国学成后回国，在自己的家族企业中担任要职。有一年，国外经济危机爆发，我国的经济也面临着严峻考验，他所在的家族企业一时陷入了严重的险境之中，如果找不到大笔的资金来应对，他的企业就要面临破产的危险。

情急之中，他打电话向朋友们求助。当天晚上，他的账户就有了一亿两千万元的汇款，那个受他帮助过的福建籍同学，一下子就拿出了七千万元给他。

他说："我给你打个借条吧。"那位同学说不用，我们都相信你的为人。

在朋友们的帮助下，他的家族企业平稳地渡过了难关，他也因出色的能力被选为家族企业新的掌门人。后来，他的事业更加辉煌。

2009 年 7 月 26 日，他成功当选澳门特别行政区第三任行政长官。

他就是崔世安。

在竞选行政长官时，崔世安可谓一枝独秀，轻松地取得了超过九成半的选委提名。

为什么会出现这种情况？这要源于崔世安巨大的人格魅力。

崔世安为人低调谦和，给人留下的是敦厚、温和、好先生的印象，他立志救济穷人，维护弱势群体的权益，这为他赢得了极高的支持率。

人生絮语：

赠人玫瑰，手留余香，帮助别人，自己也会收获快乐。就像崔世安常说的那样，他人安则己安，你平时帮助他人，让别人生活得安稳，当你遇到困难时，别人也会帮助你，也会让你生活得安稳。

看台上的骂声

2007年1月22日凌晨5点40分，斯诺克温布利大师赛决赛场上，中国台球“神童”丁俊晖和“火箭人”罗尼·奥沙利文再一次狭路相逢。

去年8月的北爱尔兰杯台球赛的较量中，丁俊晖首胜“火箭人”，如愿捧到了职业生涯中第三个世界冠军杯。奥沙利文也憋足了一口气，要报一箭之仇，这次交锋，两人可谓“仇人”相见，分外眼红。

比赛开始后，丁俊晖很快以2∶0取得领先。这时候，不和谐的一幕出现了：很近的看台上，一名奥沙利文的“粉丝”在丁俊晖每一次起杆时都要大声咒骂，让这位台球少年很不自在。

也许是受到了骂声的影响，丁俊晖的心理开始出现波动，在关键的几局中失误频频，很快以大比分落后。

因为没有保安管理现场，那位“粉丝”骂得更起劲了。方寸已乱的丁俊晖已经无法全身心投入比赛，甚至球也不知道该怎么打了。

第12局，奥沙利文胜出，丁俊晖伸过手去，准备向奥沙利文祝贺。

“火箭人”先是一愣，知道是对手弄错了赛制，随即，他又感觉到了场内的变故，马上连说几声“NO，NO，NO”，然后搂住丁俊晖说：“比赛还没结束呢，和我接着打完后面的比赛好不好？”

休息室里，奥沙利文一直陪着自己的对手，还叫来了自己练球房的老板，一个四五十岁的香港人，一起来安慰他。

奥沙利文说：“那个骂你的声音，我也听到了，我刚来伦敦时，也领教过这样的骂声，但我坚持过来了。你要记住，那不是比赛，比赛是属于我们两人的。”

最后一局开始之前，奥沙利文做的第一件事，就是走向裁判，要求将那个骂人的“粉丝”清出赛场。在观众的喝彩声中，双方进入第13局。

当机会再一次倒向丁俊晖的时候，奥沙利文主动走向球迷，要他们帮助加油助威。

获胜后的奥沙利文将握手的礼节改成了拥抱："没关系，以后还有机会，随时欢迎来伦敦找我，我很喜欢和你一起打球。"

此刻的丁俊晖，早已热泪盈眶："我流泪不是因为输了比赛，而是遇到了一位绅士对手。"

人生絮语：

比赛有很多种赢法，尤其实力在伯仲之间的较量，在赢得比赛的同时，赢得尊重和友谊，赢得对手的心，才是赢的最高境界。

44 份晚报

44 份晚报成就一个企业家，这样的故事你信吗？但这的确是一个真实的故事。

美国福布斯杂志曾连续五年评选他为中国最富有的企业家，人们关注最多的，是他在马来西亚辉煌的发迹史，只是很少有人知道，他的情义和传奇经历，源于带着一个普通人爱心的 44 份晚报

1990 年，一位喜欢冒险的中国青年来到马来西亚，来这之前，这个年轻人已经身家过亿，他打听到，这儿发现了一个大型油气田，并要修一条高级公路。如果这个项目成功，则会带来公路两边的土地大幅度升值。

经过仔细分析之后，年轻人做出了一个冒险的决定：利用所有资产担保向银行贷款，拿到公路两边土地的开发权。

4 个多月过去了，油气田的立项依然没有结果，年轻人如坐针毡。这时候，他手中的钱已经所剩无几，住所由五星级酒店搬到四星级，再到三星级，最后连旅馆也住不起了。

为了省钱，他打算租用旅馆的一个小仓库，每天只吃最便宜的盒饭，再找机会偷偷溜到旅馆的大厅里看当天的晚报。

仓库的管理员是一位老华侨，非常同情他的处境，老人不仅免了他租仓库的钱，每天还将自己订的一份晚报带给他看。

这样的日子一晃过了44天，年轻人的心也一天天走向绝望，连自杀的想法都有了。

有一天，年轻人意外地得知，老华侨并不识字，这44份晚报是特意为他买的。

年轻人顿时心里一热，仿佛看到一线温暖的光，将自己从死亡的边缘拉了回来。晚上，他认真地翻看着报纸，其中一条消息让他兴奋得差点跳起来：油气田立项了!

随后，在一周之内，年轻人所买的土地价格翻了一番，他的生活一下子由地狱又回到天堂。

成功后的年轻人第一个想到的就是那位帮助了自己的老华侨，他准备了一只信封，里面是一套当地最高档别墅的钥匙。

当他把信封交到老华侨手里的时候，老华侨摇摇头："我只是给你买了44天的报纸，不值得你送这样的大礼。"青年说："那44份晚报，是我一生中得到的最珍贵的帮助和关怀，就凭你的爱心，你有资格得到它。"

老华侨依然摇摇头："谢谢你的好意，我已经习惯了现在的生活，不想去住那种地方，真正值得你报答的也不是我，而是帮助你的这个社会呀。"

这个年轻人就是后来被誉为"情义商人"的李晓华，他成了中国最有名的企业家和慈善家之一。

雪中送炭要比锦上添花更有意义。

在别人陷入困境的时候，能够从这么小的细节上关爱着别人，这不仅需要细心，更需要发自内心的关怀和鼓励。

哈佛校长的失误

多年以前，美国哈佛大学的校长的一次错误判断，失去了一次难得的发展机遇，但却造就了斯坦福大学。

一对衣着简陋的夫妇做火车去了波士顿，到了目的地，他们直接进入哈佛大学。

“对不起，我们没有预约，但是我们想见校长。”那位丈夫轻声地对秘书说。

秘书的眉头微皱，“噢，校长他每天都很忙。”

“没关系，我们可以等他。”妻子微笑着说。

几个小时过去了，秘书没再搭理他们。秘书不明白这对乡下夫妇和哈佛大学会有什么关系，他希望他们会气馁，然后主动离开。

可是他们丝毫没有想走的意思，尽管不太情愿，秘书还是决定打扰一下校长。

“他们只需见您几分钟。”秘书对校长说。

校长的确很忙，他可能不会将太多时间花费在那些看来无关紧要的人身上，但他还是点头同意见见这两个人。

女人告诉校长：“我们的儿子进入哈佛一年了，他爱哈佛大学，他在这里很快乐。”

“夫人，谢谢你的儿子爱哈佛大学，您知道，哈佛大学的学生都会爱哈佛大学。”

“可是，在一年前他死了。”女人难过地说。

“噢，听到这个消息我很难过，真不幸，夫人。”

“我丈夫和我想在学校一个地方为他立一个纪念物。”女人说。

“非常遗憾，夫人，你知道我们不可能为每个进入哈佛大学后死去的人树立纪念物，如果这样做，哈佛大学不就成了公墓了吗?”

“噢，对不起，先生，我们并不想树立一个雕像，我们只是想给哈佛建

座楼。”

校长的目光落在这对夫妇粗糙简陋的着装上，惊叫道：“一栋楼？你们知道建一栋楼要花费多少钱？仅仅是哈佛大学的植物，价值就超过 750 万美元!”

女人转过身平静地对她丈夫说：“亲爱的，这笔耗费不是可以另办一所大学吗？为什么我们不建一所我们自己的学校呢?”

面对校长一脸的疑惑，她的丈夫坦然地点了点头。

这对夫妇离开了，他们去了加利福尼亚州，在那里，他们建立了以自己名字命名的大学——斯坦福大学。

人生絮语：

这个故事告诉我们，不论在什么样的情况下，都不要以貌取人，更不要以貌贬人。敬人者人恒敬之，只有善待别人才能赢得别人的尊重。

不提他人落魄事

著名的音乐家柴可夫斯基怎么也没想到，就因为没有照顾到别人的自尊心，自己的一片好心却换来了一个让人心碎的结果。

一个偶然的机会，柴可夫斯基遇到了一个正在街头卖艺的年轻人。当听到这个年轻人拉出的优美曲子时，柴可夫斯基敏锐地感觉到，自己可能遇到了一个才华横溢的年轻人。

爱才心切的柴可夫斯基停下脚步和年轻人攀谈了起来，一番谈话更加证明了他的判断：这位年轻人是个难得的音乐天才。

从那之后，柴可夫斯基和年轻人就成了忘年之交。为了能让年轻人早日融入主流音乐圈，柴可夫斯基经常带着年轻人参加各种音乐界的社交活动。他慷慨而真诚地给了年轻人足够的金钱，让他不仅免受在街头卖艺风吹雨淋的痛苦，柴可夫斯基还为他换上了高贵光鲜的服装。

当时，莫斯科音乐界每年都会举行一次大的沙龙聚会，为了能让年轻人认识更多的音乐家，柴可夫斯基带着年轻人一起参加了这个沙龙聚会。

在聚会上，因为在作曲上取得了巨大成就而被视为“国宝”的柴可夫斯基自然而然地成为人们追逐的对象，而他身边的年轻人也得到了人们极大的关注。人们好奇地打听着年轻人的来历。

在得知这个衣着高贵的年轻人，不久前还是一个街头艺人的时候，大家不由得发出了一阵阵的感叹声。

那天晚上，热心而单纯的柴可夫斯基热情地忙着把年轻人介绍给自己的老朋友们，却没发现年轻人的脸色正在不停地变化着。

因为有了柴可夫斯基的大力推荐，再加上本身的过人天赋，年轻人很快就在音乐圈里站住了脚跟，并且以惊人的速度迅速成为了当红的音乐家。

然而，谁都没想到，年轻人成名之后却再也没有和柴可夫斯基联系过，柴可夫斯基为此大为不解。

后来，年轻人通过别人转告柴可夫斯基：在那个众星云集的聚会上，大家一次次询问着他卑微的出身，并且意味深长地感叹柴可夫斯基改变了他的命运。

那一天，自己过往落魄的经历成了沙龙上谈论的热点，他感觉像被人剥光了一样，自尊心受到了莫大的羞辱。

柴可夫斯基知道事情的原因之后，苦笑良久，感叹着因为自己没注意照顾别人的情绪，自己的好心反而伤害了别人。原来，善待他人，只有热情是不够的，尊重别人的自尊才能赢得别人的尊敬。

人生絮语：

永不提及对方落魄时的痛苦，是善良，也是一种修养。也只有这样，别人在和你交往的时候，才能感到自己受到了尊重，才会成为你真正贴心的朋友。

镇长家的花圃

洛克菲勒是世界著名的石油大王，但他年轻的时候曾经一无所有，像当时许多年少无知的人一样，他到处流浪，得过且过。

不过，洛克菲勒怀有十分远大的理想，他期望自己有一天能够有一笔任由自己支配的巨大财富。

带着这个伟大的梦想，洛克菲勒来到了距离家乡很远的一个偏僻小镇，在这个小镇上，洛克菲勒结识了镇长杰克逊先生。

杰克逊先生已经年过半百，他一直以来都生活在这个虽不繁华但是却令自己倍感亲切的小镇上。他担任这个小镇的镇长已经很多年了，但是镇上的人们却从来没有想到要选举新的镇长。

的确，杰克逊实际上也是担任镇长的最佳人选，他性格开朗、为人热情，而且平易近人。更重要的是，他的心地十分善良，无论是当地人，还是来到这个小镇上的外地人，只要与杰克逊有过一定的接触，他们就会深切地感受到杰克逊的热情和善良。

洛克菲勒住的小旅馆就离镇长杰克逊家不远，每当洛克菲勒站到旅馆旁的大门前向远方遥望时，他都会看到镇长家门口的那片长满各色鲜花的花圃。

每次遇到洛克菲勒时，镇长都会停下忙碌的脚步问这个独在异乡的年轻人有什么需要帮忙的地方。当洛克菲勒需要一些生活用品时，热情的镇长夫人总是会十分高兴地给予帮助，而且，镇长还会时不时地让女儿为洛克菲勒送去一些妻子做的可口点心。

在小镇上住了一段时间仍然一无所获的洛克菲勒决定过几天就离开这个小镇，在离开小镇之前，他准备到镇长家里感谢镇长一家给予他的关照。

就在他准备向镇长告别的前几天，小镇迎来了连续几天的阴雨天气，洛克菲勒不得不继续留在这里，同时他也在心里咒骂着这该死的鬼天气。

小雨时断时续，每当雨停的时候，洛克菲勒都会走出旅馆大门——实际

上，洛克菲勒就住在杰克逊家的斜对面，看看镇长家门前那些经雨露滋润而更加娇艳动人的花朵。

这一天，当他走出旅馆大门的时候，他看到镇上来来往往的人们已经把镇长家门前的花圃践踏得不成样子，洛克菲勒为此感到气愤不已，他为这些花朵感到非常惋惜。于是，他很气愤地站在那里指责那些路人的行为。

可是第二天，路人依旧踩踏镇长家门前的那片可怜的花圃。第三天，镇长拿着一袋煤渣和一把铁锹来到了泥泞的道路上，他用铁锹把袋子里的煤渣一点一点地铺到了路上。

一开始，洛克菲勒对镇长的行为感到不解，他不知道镇长为什么要替这些践踏自己家花圃的路人铺平道路。可是很快，他就明白了镇长的苦心，原来有了铺好煤渣的道路，那些路人再也不用踩着花圃走过泥泞的道路了。

洛克菲勒最后还是离开了这个小镇，不过他知道，自己再也不是一无所获地离开了。他带着镇长杰克逊告诉自己的一句话从从容容地踏上了追求梦想的道路，那句话就是“善待别人就是善待自己”。

直到成为闻名于全美的石油大王，洛克菲勒依然牢牢地将这句话铭记在心中。

人生絮语：

善待别人就是善待自己，自私的人不愿意对别人付出任何关爱，所以他们根本体会不到来自他人的温暖。而那些胸襟开阔的人则始终生活在幸福和关爱之中，这些幸福和关爱既来自于别人，也来自于自己善良的内心。

谁都不傻

有一个愣头愣脑的流浪汉，常常在一个市场里走动。市场里有很多卖菜的，还有卖水果的，每天人来人往的，有很多人。

由于那个流浪汉经常来这里，说起话来总带着一些傻气，大家都认为他是傻瓜，因此很喜欢和他开玩笑，并且想出不同的方法来捉弄他。

市场里常常有一些人想看看他到底傻到什么程度，于是便在手上放了两枚硬币，一个5元的一个10元的，让流浪汉来挑一个拿走。

流浪汉对着这两枚硬币，思考了半天，最后选择了5元的硬币。

那些捉弄他的人，看到他竟然傻到连5元硬币和10元硬币都分不清楚的程度，都捧腹大笑。

从此，那些人只要每次看到他经过，都用这个手法来取笑他，而他倒觉得很开心，能够让大家笑起来，他以为是件值得骄傲的事情。于是，让他挑硬币的时候，他从未让大家失望过，每次都会拿起5元的硬币。

过了一段时间，一个善良的老妇人看他每次都被人欺负，觉得他很可怜，就决定帮他。

一次，老妇人叫住他说："我教你怎样区分5元和10元，以后他们再取笑你，你就拿10元的让他们看看。"

流浪汉露出狡黠的微笑对老妇人说："不，谢谢您，我知道怎么区分，我如果拿10元的话，下次他们就不会再让我挑选了。"

老妇人听了他的话才知道：他并不傻，而是那些人傻。

人生絮语：

每个人都不傻——这应该是人与人之间相处首先应该明白的道理。用真诚的心面对出现在我们生命中的每一个人，才是正确的为人处世之道。

曼德拉的顿悟

曼德拉是南非人民敬爱的领导人，当年，曼德拉因为领导反对白人种族隔离政策而入狱，白人统治者把他关在荒凉的大西洋小岛罗本岛上27年。

当时，尽管曼德拉已经高龄，白人统治者却依然像对待年轻犯人一样虐待他。

但是当1991年曼德拉出狱当选总统以后，曼德拉在他的总统就职典礼上作出了一个震惊世界的举动。

总统就职仪式开始了，曼德拉起身致辞欢迎他的来宾。他先介绍了来自世界各国的政要，然后他说，虽然他深感荣幸能接待这么多尊贵的客人，但他最高兴的是当初他被关在罗本岛监狱时，看守他的3名狱方人员也能到场。他邀请他们站起身，以便他能把三人介绍给大家。

曼德拉博大的胸襟和宽宏大量的风格，让南非那些残酷虐待了他27年的白人无地自容，也让所有到场的人肃然起敬。看着年迈的曼德拉缓缓站起身来，恭敬地向3个曾关押他的看守致敬，在场的所有来宾都静了下来。

后来，曼德拉向朋友们解释说，自己年轻时性子很急，脾气暴躁，正是在狱中学会了控制情绪才活了下来。他的牢狱岁月使他学会了如何处理自己遭遇苦难的痛苦。他说，感恩与宽容经常是源自痛苦与磨难的，必须以极大的毅力来训练。

他说起获释出狱当天的心情："当我走出囚室，迈过通往自由的监狱大门时，我已经清楚，自己若不能把悲痛与怨恨留在身后，那么，我的心其实仍在狱中。"

人生絮语：

我们之所以总是烦恼缠身，总是充满痛苦，总是怨天尤人，总是有那么多的不满和不如意，是不是因为我们缺少曼德拉的宽容和感恩呢？

放下怨恨，以一种平和的心态对待曾经伤害过自己的人，我们的生活就会充满阳光。

不要随便拔鸡毛

圣菲利浦是深受大家爱戴的罗马神父，不管他走到哪里，都有人愿意追随他。

一天，一位少女轻轻地走到圣菲利浦跟前，倾诉自己的烦恼。

这个姑娘其实心地并不坏，长得也很可爱，可是她经常说三道四，讲一些无聊的闲话。她的缺点伤害了许多人，甚至包括最好的朋友。

“神父，请您告诉我，应该怎么办呢？”她十分痛苦地问道。

圣菲利浦耐心地听完，然后温和地说道：“你不应该总是议论别人的缺点，此时此刻，我非常明白你的烦恼。现在，我希望你真诚地赎罪，先去买一只母鸡，再向城外慢慢地走去，一边走一边拔鸡毛，再把鸡毛随风散布。你一定要不停地拔，直到拔光为止。做完以后，请你再回到这里。”他的语气还是像春风一样柔和，如春雨一样滋润。

这是什么赎罪方式？少女有些困惑，但她还是决定照办。

她买了一只母鸡，向城外走去，并一路走一路拔鸡毛，再向四周散去。做完之后，她跑回教堂，对圣菲利浦虔诚地说：“我照您的吩咐做了。”

圣菲利浦轻柔地说：“很好，你已经完成了赎罪的第一部分。现在要进行第二部分，你必须返回原路，捡起所有的鸡毛。”

少女感到万分惊讶：“这怎么可能呢？风已经把鸡毛四处散播，也许我能够捡回一些，但所有的鸡毛肯定是找不全的。”

“姑娘，你说得没错，但是，你那些脱口而出的闲话，不也是如此吗？你不也常常到处散播伤害他人的谎言吗？你能跟在它们的后面，想收回的时候就收回吗？”

“那不可能，神父。”

“那么，当你想说别人闲话的时候，请闭上嘴，不要让那些无聊的鸡毛到处乱飞，好不好？只要不随便拔鸡毛，就不会让鸡毛随风散布；只要把自己的嘴管好，就不会让无聊的话脱口而出。”

迷途的少女点了点头。

“良言一句三冬暖，恶语伤人六月寒。”粗俗、生硬、故意造谣生事的话，会让别人心生厌恶，导致人与人之间的互相猜疑，甚至造成不可调和的矛盾。

掌握说话的艺术，多一些赞美，少一些闲话，才是善待他人的明智之举。

圣人也是盗贼

纪伯伦年轻的时候，曾经拜访过一位圣人，这位圣人住在山另一边一个幽静的林子里。

正当纪伯伦和圣人谈论着什么美德的时候，一个土匪瘸着腿吃力地爬上山岭。他走进树林，跪在圣人面前说：“啊，圣人，请你解脱我的罪过，我罪孽深重。”

圣人答道：“我的罪孽也同样深重。”

土匪说：“但我是盗贼。”

圣人说：“我也是盗贼。”

土匪又说：“但我还是个杀人犯，多少人的鲜血还在我眼前翻腾。”

圣人回答说：“我也是杀人犯，多少人的热血也在我眼前翻腾。”

土匪说：“我犯下了无数的罪行。”

圣人回答：“我犯下的罪行也无法计算。”

土匪站了起来，他两眼盯着圣人，露出一种奇怪的神色，然后他离开了圣人，连蹦带跳地跑下山去。

纪伯伦转身去问圣人：“你为何给自己加上莫须有的罪行？你没有看见此人走时已对你失去信任？”

圣人说道："是的，他已不再信任我，但他走时毕竟如释重负。"

正在这时，他们听见土匪在远处引吭高歌，欢乐的歌声在山谷回荡。

人生絮语：

在与人交往中，我们需要做的是安慰别人，帮助别人从心灵桎梏中解脱出来，而不是标榜自己。

有时候，彰显自己的神圣反而会让别人在罪恶感中越陷越深。为了能让别人获得解脱，自己承受一些误解，又有什么关系呢？

善待每一个人，需要我们拥有对人心的正确感知，让每一个人都得到心灵的救赎。

第4章

胸怀天下

他从哈佛大学辍学，他与好友建立微软公司，他连续13年被《福布斯》列为全球首富……美国时间2008年6月27日，美国微软公司创建人之一比尔·盖茨向830名微软代表发表告别演说，正式宣布辞去执行董事长的全职工作，连“人”带“钱”全部投入了慈善事业。

2000年1月，旨在促进全球卫生和教育领域的平等的比尔及梅林达·盖茨基金会宣布成立。

2008年6月21日，盖茨在接受英国BBC访问时表示，他将把自己580亿美元财产全数捐给“比尔及梅琳达·盖茨基金会”，一分一毫也不会留给自己的子女。

《商业周刊》指出，这是迄今为止由在世捐款人实施的最大的一笔捐赠，其数额超过了创建沃尔玛百货公司的沃尔顿家族所有捐款的总和。

“被上天赋予愈多的人，被人们期待的也愈多。”这是比尔·盖茨的母亲玛丽·盖茨在他与梅琳达1994年结婚时，在信里写的箴言。

现在，比尔·盖茨用实际行动践行了母亲的教诲。

※　※　※

这个世界是由一个个人构成的，它由这些人创造并且决定，在这个平凡的世界上，我们无时无刻不在感受着伟大灵魂带给我们的心灵震撼。正是因为有了这些胸怀天下的人，我们在纷繁的世界上，才感受到了人性中的大爱。

稻草公民

郝劲松是个小人物，小到什么程度呢？小到他只能用“公民”一词来称呼自己。他还打了一比方来形容自己，说自己是一根稻草。

郝劲松义务替上海司机打“钓鱼执法案”的官司，在外人看来，他完全是“狗拿耗子”，因为他不在上海，自己也没车，“钓鱼”根本钓不到他头上。

他学的是法律，经常帮人打官司，却没有律师资格证。他能做的，是以“公民代理”的身份出现在法庭上，为了周围的公正和正义发出声音。

郝劲松本来在一家银行工作，但为了法律的尊严，也为了自己的爱好，他放弃了工作 8 年的“暖窝”，他先在北京大学蹭了一年的课，又来到中国政法大学攻读硕士。

一个法学硕士，却总是在 0.5 元、1.5 元这样的事情上做文章。

2002 年，郝劲松在火车上吃饭。餐车上饭菜质量差、价格高已经让他很不满意，当他索要发票时，工作人员觉得他蛮好笑，很“霸王”地说，“我们餐车从来不开发票。”他感到自己的权利受到了侵害，多次争取都没有结果。

于是，2004 年 5 月 18 日，他向国家税务总局举报中心递交了举报材料。令他惊讶的是，在法定期限内，国家税务总局也没给予回复！

2004 年 9 月 16 日，郝劲松状告北京市东城区地方税务局不作为。2004 年 10 月 13 日，他又状告北京铁路局火车餐车不开发票。

2005 年 6 月 9 日，法院当庭宣判郝劲松胜诉，判决生效后的第三天，北京铁路局将 60 元发票交给了郝劲松。

2004 年，郝劲松在北京西城区大望路地铁内准备坐地铁，但他内急却找不到厕所。好不容易找到厕所却被告知是员工专用的。

郝劲松以地铁公司“因设计缺陷剥夺了公民的权利”而较起了真。半年后，地铁站建了移动厕所，却要收费，收了费不给发票。

郝劲松为这事找到地铁站的工作人员，然后又在工作人员的推诿下，找到五棵树管理处，直到找到西直门的总公司。

2004年9月，西城区法院判决地铁公司给郝劲松出具一张0.5元的发票，并当庭向郝劲松道歉。

2006年1月21日，郝劲松持前一天票价为1.5元、次日涨到2元的火车票状告铁道部春运火车票涨价程序违法。

2007年1月7日，还在中国政法大学读法学研究生的郝劲松从太原发出一封致铁道部部长的特快专递，呼吁铁道部在即将到来的2007年春运期间停止票价上浮。

次日，有关部门公开宣称不会理睬他的建议，但出人意料的是，就在第三天，铁道部新闻发言人突然对外宣布：从2007年起，铁路春运火车票价格不再实行上浮制度！

2007年10月12日，国家发改委召开手机漫游费下调听证会，郝劲松甚至站到椅子上主张自己作为公民旁听的权利。

2009年10月23日，国家发改委文规定，价格听证会必须设立旁听席。

这些年，郝劲松打了很多官司，但真正胜诉的很少，且每次胜诉都历经长时间的波折，最后才得到想要的结果。

不过，千万别认为郝劲松是个“穷泼皮”，几十元的火车餐费发票，区区0.5元钱的地铁如厕费，对身兼几家公司法律顾问的郝劲松不但不算什么。相反，每年都要打一个公益官司的他，还要为此耗费不少钱财。

有人问他为什么要这么做，他说，法律不去维护，就永远只是一张纸。我是中国公民，这片土地上发生的所有事情都和我有关，我要让我生活的这个国家更美丽。

“我不是什么英雄，而只是一根稻草。有时候，我不过起了最后一根稻草的作用。”郝劲松这样定位自己。

郝劲松这根“稻草”，一次次压死了不公、不平和不法的“骆驼”。或许，一个人的价值不在于他有多成功，也不在于他是不是“最后一根稻草”，而在于，每一根稻草都能够胸怀天下，能够拥有把世界改造得更好的大志。

如果姚明能拿到19分

几年前，姚明在NBA赛场首次亮相时，一分未得，出人意料地交了白卷。

当晚，美国一个体育脱口秀节目正在直播，谈起姚明时，主持人巴克力笑得前俯后仰，一脸轻蔑与不屑，“姚明是中国的傻大个，根本不会打篮球。”

他的搭档史密斯立即反驳：“我看好姚明的潜力，也许他将来能拿到19分。”

巴克力寸步不让，竟然当众与史密斯打赌：“如果姚明能拿到19分，我就亲吻你的屁股!”

对姚明而言，这哪是打赌，分明是奇耻大辱!

通过电波，此事迅速传遍了全世界，引起了轩然大波，不少人对他口诛笔伐，国内媒体甚至一度将巴克力称做“恶汉”。唯独姚明选择了沉默。

事隔不久，姚明不负众望，给了巴克力沉重一击。

2002年11月18日，美国洛杉矶客斯台普斯中心座无虚席，火箭队客场挑战湖人队，姚明终于爆发，接连得手。看台上早已沸腾，不断有人高喊：“巴克力亲屁股!”

此场比赛姚明上场22分钟，共得了20分，抢下6个篮板，并帮助主队以93：89将湖人挑落马下。

此时，最沮丧的莫过于巴克力，因为人们都记着他的赌注。当晚这个体育节目准时直播。为了避免行为不检，史密斯特意牵了一头驴进演播室，暂时代替自己。

众目睽睽之下巴克力满脸尴尬，不得不硬着头皮亲了一口驴屁股。

姚明得到20分的那场比赛刚结束，在火箭队休息室，电视上正在直播巴克力亲吻驴屁股的镜头。

顷刻间掌声雷动，队友们欢呼雀跃，纷纷走上前向姚明表示祝贺。聪明

的记者不失时机地给姚明递上了话筒，问他此时有何感想。

姚明淡然一笑，“我觉得巴克力很有意思，他没什么恶意，只是想制造点噱头而已。”

人生絮语：

一脚踏在鲜花上，鲜花却把芳香留在了脚上，这就是宽容。面对曾给自己制造了奇耻大辱的“敌人”，姚明大获全胜之后非但没有痛打“落水狗”，反而出言为巴克力开脱，这是何等的胸襟呀！

卡拉 OK 背后的故事

某大学里，教授正在给学生们上课。

教授说：“卡拉 OK 是 1971 年发明的，如果你是发明者，你会怎么办？”

一个学生说：“我会立即申请专利，保护自己的知识产权。”

另一个学生说：“我会以技术入股，做娱乐界的比尔·盖茨。”

教授说：“你们的想法都不错，归结成一条，就是通过各种途径把发明转化成钞票，这是对自己脑力劳动的肯定，但你们当中，有谁能够把这项发明无偿奉献给社会呢？”

全场静悄悄的，没有人回答。

教授说：“我很高兴你们都很真诚，其实，我刚才的问题仅仅是假设，如果你们真的是发明者，你们还会强化自己的营利思想。”

这个时候，学生们同时生出一个疑问：真实的发明者是怎样处理这件事的呢？

教授看出了学生们的心思，他说：“你们都知道，卡拉 OK 的发明者是日本人井上大佑，当时他是神户一个乐队的鼓手，他没有听从别人的建议去申请专利，或者技术入股，或者有偿转让，而是默默地将这项技术奉献给了

社会。如果他当年为此申请专利，今天他至少有 1.5 亿美元的收入。”

“啊!”学生们对此惊讶不已。

教授接着说：“上世纪 80 年代，卡拉 OK 已成为通行全亚洲的一个流行词汇，但是井上大佑却没有像他发明的机器那样家喻户晓，直到数年前，井上大佑才名震四方。”

“卡拉 OK 登陆美欧国家后，《时代》杂志将井上大佑评为 20 世纪亚洲最有影响力的人之一，称他改变了亚洲的夜晚；哈佛大学授予他‘另类诺贝尔奖’的和平奖，因为他向人们提供了宽容相处的新工具；他的故事被搬上银幕，电影名字就叫《卡拉 OK》。”

教授接着说：“对这些荣誉，井上大佑说：‘没人比我更感到吃惊了。’这就是真实的井上大佑。他的发明改变了全世界无数人的娱乐生活，但他却从没把这事放在心上。”

“2006 年 5 月 25 日，英国《独立报》刊登了对这位卡拉 OK 之父的专访。在访谈中，已经 65 岁的井上大佑笑着说：‘我不是个发明家，我只是把一些已经存在的东西组合在一起。当时，我偶然萌发了事先把伴奏音乐录制下来的想法。一个汽车音响、一个硬币盒子、一个小安培表，就组成了世界上第一台卡拉 OK 机。’井上大佑补充说：‘我会为这些简单的东西去申请专利吗?’”

井上大佑放弃了 1.5 亿美元的财富，但他获得了全世界的尊重。这种不争名夺利、坚持自己个性的高贵品质，让我们的世界多了一份感动。

港大的荣誉院士

香港大学颁发当年的“名誉院士”称号，令人意想不到的是，名单中有一位，是港大食堂服务员，82 岁的袁苏妹。

因在家排行第三，袁苏妹被学生称为“三嫂”。她没受过教育，在港大当了44年服务员及厨师。数十年间，她对住宿生的照顾无微不至，除起居饮食，也“关心学生的身心健康成长”，堪称“宿舍灵魂人物”。

港大选择用授予袁苏妹“荣誉院士”的方式来表达对三嫂的感谢。颁奖词中写道：“她以自己的生命，影响了大学住宿生的生命。”

几乎同时，北京大学毕业的俞敏洪在一次讲演中说：“北大现在拿我以及百度的李彦宏作为这所大学的光荣的代表，我认为不合适。我和李彦宏是做生意成功的，但北大的精神，北大的灵魂，不应当是做生意的成功。

人生絮语：

美国总统肯尼迪曾说，评断一个国家的品格，不仅要看它培养了什么样的人民，还要看它的人民选择对什么样的人致敬，对什么样的人追怀。

“中国才是我永远的家”

从1935年到1955年，钱学森在美国整整居住了20年。这期间，他在学术上取得了辉煌的成就，生活上享有丰厚的待遇，工作上拥有便利的条件。

然而，他始终眷恋着生他养他的祖国。1949年10月1日，新中国的成立使客居美国的钱学森心潮澎湃，他向夫人蒋英说：“祖国已经解放，我们该回去，中国才是我永远的家。”

而此时，美国国内的政治形势发生突变，一位名叫麦卡锡的参议员在美国掀起了一股反共浪潮。

1950年，正准备启程回国的钱学森在旧金山遭到阻拦，他所有的行李都被海关扣押。

一天下午，两个联邦调查局的官员走进了钱学森的住所，向他宣读了逮

捕令，钱学森被关进了特米那岛上的一个拘留所，他在那里被关了整整15天。

钱学森被美国政府无理拘禁的消息一经传出，世界各国，包括美国在内的许多爱好和平的人士，都纷纷向钱学森发出了声援的呐喊。中国政府也公开发表声明，谴责美国政府的这一错误做法。

1954年4月，美国国务院发布公告，宣布取消了扣留中国留学生的法令，可钱学森夫妇的行动仍然受到限制。

时间就这样一天天地过去了，突然有一天，夫人蒋英想出了一条妙计……

1955年6月的一天，蒋英带着两个孩子和钱学森佯装上街闲逛，他们巧妙地避开了特务的盯梢，溜进了一家咖啡馆。

蒋英一边喝咖啡，一边逗着孩子玩耍，钱学森则以香烟盒代替纸，用中文写了一封信。

信中写道："……阻碍归国的禁令已于4日被取消，然我仍身陷囹圄，还乡报国之梦难圆，省亲探友之愿难偿，戚戚然久之……恳请祖国助我……"

这信是寄往比利时蒋英妹妹家的，请她迅速转交给父亲的世交陈叔通。

钱学森的这封短信几经辗转，终于送到了陈叔通老人的手中。

陈叔通是当时的中国全国人大常委会副委员长，在读完了钱学森的这封求援信后，迅速将这封短信转呈给了周总理。

周总理看了这封信后，当即把即将赴日内瓦参加中美大使级会谈的王炳南招来，严肃地说："炳南同志，这封信很有价值，这是一个铁证，它说明美国当局至今仍在阻挠旅美华人和留学生回国，你要用这封信揭穿他们的谎言，争取使钱学森这样的科学家能早日回国。"

1955年8月1日下午4时，中美两国大使级会谈再次复会。王炳南大使将钱学森的这封写在香烟盒上的信及翻译件摆到了谈判桌上。美方代表顿时哑口无言，最后，美国方面只得同意允许钱学森回国。

在美国的20年里，钱学森一直保留着中国国籍，他回忆说："我在美国那么长时间，从来没想过这一辈子要在那里呆下。在美国，一个人参加工作，总要把他的一部分收入存入保险公司，以备晚年退休用。而我一美元也不存，因为我是中国人，根本不打算在美国住一辈子。"

1955 年 10 月 8 日，钱学森走过罗湖口岸，终于回到了他魂牵梦绕的祖国。

到达北京后不久，钱学森就带领全家来到天安门广场，仰望着雄伟的天安门和高高飘扬的五星红旗，他无比激动。

回国后不久，组织上便安排他去东北参观，钱学森访问了哈尔滨军事工程学院。陈赓大将特意从北京赶来接待他。

在参观到一个小火箭试验台前时，陈赓问他："我们能不能造出火箭、导弹来?"

钱学森不假思索地回答道："有什么不能的，外国人能造，中国人同样能造!"

陈赓听后哈哈大笑，激动地握着他的手说："要的就是你这句话!"

事后，钱学森才知道，陈赓是带着国防部长彭德怀的指示，专程就此来请教他的。

回到北京后，钱学森经过深思熟虑，向中国科学院提出了组建力学研究所的建议，并起草了关于《建立我国国防航空工业的意见书》，提出了我国火箭、导弹事业的组织方案、发展计划和具体的措施。

1956 年 10 月 8 日，在钱学森归国一周年时，国防部五院宣告成立。钱学森给刚分配来的 156 名大学生讲授"导弹概论"，开始培养新中国第一批火箭、导弹技术人才。

1957 年 2 月，周总理签署国务院命令，正式任命钱学森为国防部五院第一任院长。

钱学森终于开始了报国梦。

人生絮语：

正是因为钱学森心中永远存着报答祖国这个大志，他才能够历经艰辛，最终回到祖国，并真正地用他的知识回报了养育自己的祖国。

不胜利就没法生存

第二次世界大战开战不久，当英军从挪威溃败下来的千钧一发之际，英国中途换马，撤掉软骨头的张伯伦，让铮铮铁汉丘吉尔挑起大梁，这确实是扭转战局的关键一步。

当时日本横滨银行驻伦敦分行的经理加纳子爵预言，不出 3 个月，英国就将挂白旗向纳粹屈膝投降。美国驻英大使肯尼迪也公然发表谈话说，民主主义在英国已寿终正寝，纳粹接管只是时间问题。英国的败北主义者更不断造谣惑众，说圣诞节就将停火。

但是，丘吉尔上台后，用一个大大的“不”字，粉碎了一切和平幻想。

犹如罗斯福总统每星期五对美国广播听众的《炉边恳谈》一样，那时，丘吉尔也于每星期一晚 7 点，通过电台对广大群众发表亲切的谈话。他曾用发颤的语音对英国公众说：“我能奉献给你们的，只是热血、汗水和眼泪。”

略顿片刻，又带着蔑视和坚定的自信补上一句：“我们正等待着德国人过来呢——连海里的鱼也在等着。”

丘吉尔以破釜沉舟的果断毅力，凭他那宁为玉碎，不为瓦全的浩然之气，发自肺腑的感人誓言，再加上那把食指和中指叉成 V 字形的手势，将 4000 余万英国人动员起来，扭转了乾坤。

人们不曾忘记战时丘吉尔的许许多多精彩的演讲，当天空布满乌云时，他说：“有人问我们的目的何在，我们的目的就是胜利。不顾一切地求得胜利，不怕路途遥远和艰难，必得争取胜利，因为不胜利就没法生存。”

1940 年 6 月 22 日法国投降那天，他说：“我们不能松懈，不能失败，我们要抗战到底，我们要在海洋上作战，不顾一切牺牲，保卫我们的国土，永不屈服。”

大反攻得手后，他又说：“走向胜利的道路也许不像我们想象的那么遥远了，但是，我们无权这么想，不管远近，不问难易，我们要走到道路的尽头。”

人生絮语：

时事造就英雄，人类史册中因为有了这些坚强、英勇的身影而愈发光辉闪耀。这些英雄胜利的原因不是因为他们有什么特殊的技能，也不是因为他们有多么丰厚的财产，而是源于他们心中的大志！

普利策最后的日子

1890 年，双眼失明的约瑟夫·普利策宣布退休，他离开了为之奋斗的《纽约世界报》。在他刚购进《纽约世界报》时，这份报纸每天只发行 1.5 万份。只经过四年的励精图治，《纽约世界报》就一跃成为美国发行量最大的报纸之一，发行量也从每天的 1.5 万份增长到了每天 25 万份，他还因此新建了纽约城当时最引人注目的报社大楼。

大都市的喧闹，使这位头脑敏捷又极度衰弱的老人无法忍受。他经常住在游艇上，在海上随意漂泊。他通过电报指挥庞大的报业。

1910 年的一个清晨，秘书邓宁赫姆来到游艇上，向普利策报告："先生，昨晚有消息说，您的夫人同意您所有的计划。"

"哦，亲爱的凯林，她当然会同意，我在家时，我们曾经讨论过这个计划。"

普利策开始穿衣服，他已经学会了怎样用触觉和听觉去做一些事。他有 5 位秘书，有的思考问题，有的判断事物，有的料理生活，他依靠他们了解外部世界。

他走进了游艇上的图书室，对早已坐在那里的秘书们说："今天我们不读报了。先生们，我准备宣读遗嘱。"

秘书们都大吃一惊。

"当然，我请邓宁赫姆来宣读。"

一会，普利策说：“我将100万美元赠给纽约的太平洋交响乐团协会；另外，将用100万美元修建一座托马斯·杰斐逊塑像，他总是在思想上指引我。”普利策十分崇拜这位起草了《独立宣言》的美国第三任总统。

他沉默了一会儿，饱含感情地说：“还有一件礼物出自我的内心，我想帮助那些记者成为真正的新闻工作者，希望他们了解自己肩上的社会责任。我已经赠给哥伦比亚大学300万美元，用于创建一所新闻学院。”

秘书们一阵惊愕。300万美元！这可是个天文数字啊！

“新闻学院将用我最心爱的女儿露西尔·艾玛的名字命名。可能会有人讥笑我，记者是写出来的，不是大学训练出来的。我创办新闻学院，主要是教会那些男女青年记者，怎样报道，怎样写得简洁，怎样成为编辑，直到他们知道历史和文学、科学和文艺。”

“我还要设立普利策奖，专门奖给每一年度最好的新闻工作者，奖给最好的编辑和最好的新闻故事；另外，我留给《纽约世界报》的钱，足够它永远办下去。”

听到秘书们由衷的赞扬，这位近代报纸拓荒者父亲般地笑了。他双目失明，但比一般人看得更远。

一年后的1991年11月29日，普利策在他的游艇上病情加重。弥留之际，他断断续续地说：“轻点，很轻，很轻，很轻……”

死神拥抱了这位拥有2000万美元身家的美国报业巨子，这一年，他64岁。

今天，哥伦比亚大学新闻学院已经成为美国新闻从业人员向往的学府，美国一些著名大学也都相继设立了新闻学院。

普利策奖金从1917年起每年授予在新闻报道、小说、诗歌、历史、戏剧等方面取得突出成绩的新闻从业人员，是美国新闻界的最高荣誉奖。

人生絮语：

诺贝尔奖、普利策新闻奖、比尔及梅琳达·盖茨基金会……这些世界名人留给后人的不仅仅是传奇的财富人生，还有他们对社会无私的回馈，以及推动世界变得美好的动力。

把“名声”送给别人

美国钢铁大王卡耐基年幼时家境贫寒，父母从英国移民美国定居，刚落脚时供养不起卡耐基读书，卡耐基只能辍学在家。

有一次，别人送给他一只母兔，很快，母兔又生下一窝小兔。这下，卡耐基犯了难：因为他买不起豆渣、胡萝卜等饲料来喂养这窝小兔。

他拍脑袋一想，计上心来——请左邻右舍的小孩子都来参观这些活泼可爱的兔宝宝。

小朋友大都喜欢小动物，卡耐基趁机宣布，谁愿意拿饲料喂养一只兔子，这只兔子就用这个小朋友的名字命名。

小朋友齐声欢呼赞同卡耐基的“认养协议”。于是，小兔子都有了漂亮的名字，卡耐基担忧的饲料难题也迎刃而解。

这件事情给卡耐基留下了深刻的印象，也让他明白了一个道理：人们珍惜爱护自己的名字，而不务虚名者得到的却是实际的利益。

卡耐基从小职员做起，通过自身顽强努力，成为一家钢铁公司老板。一次，为竞标太平洋铁路公司的卧车合约，他与商场老手布尔门的铁路公司暗中较量，双方为着投标成功，不断削价比拼，结果已跌到无利可图的地步，彼此还咽不下这口气。

“冤家路窄”，卡耐基在旅馆门口邂逅布尔门，他微笑着伸出手，主动向布尔门招呼说：“我们两家如此恶性竞争，真是两败俱伤啊！”

卡耐基接着坦诚地表示：尽释前嫌，合作奋进。

布尔门被卡耐基的诚挚所感动，气消了一半，不过对合作缺乏兴趣。

卡耐基对布尔门不肯合作的态度感到纳闷，一再追问原因，布尔门沉默片刻，狡黠地问：“合作的新公司叫什么名字？”

布尔门为“谁是老大”处心积虑！卡耐基想起儿时养兔子之事，脱口而出：“当然叫‘布尔门卧车公司’啦！”

布尔门简直不敢相信自己的耳朵，而卡耐基微笑着向他点了点头。

于是，冰释前嫌，强强联手，双方签约成功。

人生絮语：

将名誉赠与他人，这无非是一种胸怀大志的体现，卡耐基之所以能够如此成功，正是因为他拥有一颗做成大事的心。

郭台铭的远见

只用了短短几年时间，郭台铭就将自己的鸿海精密集团办成了首屈一指的大企业。经过艰辛的打拼，他的企业终于走上正轨，各地的订单如同雪花一样飞来，企业利润迅速增长。

有一年年初，郭台铭接到一笔大订单，企业的高层为这个订单兴奋不已。一旦完成这个订单，集团将迅速扩大，集团实力将大大增强。

就在集团上下摩拳擦掌，所有人都铆足了力气准备大干一场的时候，郭台铭突然做出了一个让大家意想不到的决定：他已经向几个关系不错的同行发出邀请，希望大家能和他一起完成这笔订单。

郭台铭的决定刚一宣布，集团里立刻响起一片反对声。到了嘴边的肥肉，谁还愿意和别人分享？

在股东大会上，郭台铭耐心地向大家解释自己的决定。他说："我们的利润正高速增长着，可我们和同行之间的关系却越来越差，很多同行的生意已经到了举步维艰的程度，对我们的怨言越来越多，我们不仅要想着怎么赚钱，也要学会和别人一起赚钱，为我们营造一个更好的经营环境。"

郭台铭的话得到了员工的认同，同行们得知后，也开始对这个竞争对手敬慕三分。

几年后，郭台铭的企业遭遇危机，公司的运行一度陷入困境。这时，当初郭台铭帮助过的同行们纷纷伸出援手，那次的危机让郭台铭的企业再次成了万众瞩目的焦点，人们惊奇地发现，这个商人的人缘和魅力，居然能让他

赢得对手——商战中的“死敌”的帮助。

一个和郭台铭有多年生意往来的朋友说：“像郭台铭这样重情重义的人，如果不帮他，我的良心都会不安。”

人生絮语：

与人分享需要一种度量，这不是每个人都能做到的，尤其是在巨大利益面前。郭台铭能够将巨大的利益分享给对手，这正是因为他心中非凡的度量。

当你将天下装在了心中，天下也将你记在了心里。

捡回了5元钱

50多年前，一个中国青年随着“闯南洋”的大军来到马来西亚，当他站在这片土地上时，兜里只剩下5元钱。

为了生存，他在这片土地上为橡胶园主割过橡胶，采过香蕉，为小饭店端过盘子……谁也不会想到，就是这样一个年轻人，50年后，他成为马来西亚的一位亿万富翁。

很多人试图找到他成功的秘密所在，但他们发现，他所拥有的机会跟大家都是一样的，唯一的区别可能是：他为了心中的大志，敢于去冒险。

他可以在赚到10万元的时候，把这10万元全部投入到新的行业当中，这在那个动荡的投资环境中，一般人是很难做到的。

他就是马来西亚富豪——谢英福。

有一年，马来西亚有一家国营钢铁厂经营不景气，亏损高达1.5亿元。马来西亚首相马哈蒂尔找到他，请他担任公司总裁，并设法挽救该厂。

他爽快地答应了。在别人看来，这是一个错误的决定，因为钢铁厂积重难返，生产设备落后，员工凝聚力涣散，这是一个巨大的洞，无法用金钱填平。

谢英福却坦然面对媒体，他说："当年来到马来西亚时，我口袋里只有5元钱，这个国家令我成功，现在是我报效国家的时候，如果我失败了，那就等于损失了5元钱。"

年近六旬的他从豪华的别墅里搬了出来，来到了钢铁厂，在一个简陋的宿舍办公，他象征性的工资是马来西亚币1元。

3年过去了，企业扭亏为盈，盈利达1.3亿港元，而他也成为东南亚钢铁巨头。

面对成功，谢英福笑着说："我只是捡回了我的5元钱。"

当一个商人，无视金钱得失，以德回报社会，初看是愚蠢，其实是大智大勇大善，最终必成大事。

女记者和海盗的较量

在那几个夜晚，这位历经伊拉克和阿富汗战争的女记者却感觉到了从未有过的恐惧——海盗不是正规军作战，一些国际公约限制不了他们，可能在一怒之下，他们随时都会干出伤害她的事情。

2006年4月4日，正在印度洋上作业的韩国"东源628号"渔船突然遭到武装海盗的劫持，船上包括8名韩国籍、5名越南籍、9名印度尼西亚籍和3名中国籍的共计25名劳务人员。

面对荷枪实弹的海盗，全体船员只得任人宰割，他们被绑架到索马里海域离海盗基地3海里的海面上。

而此时，韩国NBC电视台37岁的女记者金英美也得到了这条令人震惊的消息，她一直搜寻韩国和世界各大媒体对于"东源628号"上被绑架人质的报道。然而，一天，两天，一个月，两个月……各大媒体上竟然没有一条关于劫持渔船的消息。

一个新闻记者的使命感使金英美再也坐不住了——她决定只身前往索马里，想方设法登上海盗船，把被绑架人员的真实命运披露出来。

金英美把这一想法告诉了家人，丈夫惊讶地说："那些海盗个个都是杀人不眨眼的恶魔，韩国身强力壮的男记者成千上万，别人都不去冒险，你一个身单力薄的女记者为什么要往火海里跳?"

面对家人的担心和阻拦，金英美平静地说："韩国的渔船被海盗劫持，25 名人质生死未卜，而我国的媒体竟然没有任何报道！这是我们整个新闻界的耻辱。作为一名记者，揭露事实真相是我的天职啊!"

2006 年 7 月 3 日，金英美踏上前往索马里的危险旅程。在飞机上，金英美含着眼泪给家人写下遗书："如果我此次行程失去了生命，请不要悲伤，我是为自己的职责而死。"

在经历了整整一周的奔波和接洽后，金英美终于来到了索马里海盗劫持渔船的海域。远远地望着停泊在那里整整三个月没有一丝消息的"东源 628 号"渔船，她突然控制不住自己的情绪掉下了眼泪。

韩国女记者只身冒死采访海盗，令索马里地方政府的官员肃然起敬。为了保护这个女记者的生命，他们费尽心机，雇了 15 名男保镖和 1 名当地男记者陪同金英美去与海盗首领商谈采访事宜。

然而，凶狠的海盗首领却拒不接受采访，金英美对海盗说："我听说你们在船上对被绑船员实行了非人的待遇，违反了国际组织对于人质的公约……"

海盗一听，连忙称绝无此事，所有人质目前都很安全。见海盗口气有了变化，金英美乘势而上，说道："既然你们保证没有虐待人质，那为何不敢让我上船亲眼看一下? 难道你们荷枪实弹的一群大男人，还怕我一个手无寸铁的弱女子吗?"

金英美的一席话让海盗们哑口无言，只好在确认金英美没有武器的情况下，让她一人上了船。

为了详细采访到所有人质被绑架后的真实情况，金英美在海盗的枪口监视下，在船上住了三天两夜。在那几个夜晚，这位历经伊拉克和阿富汗战争的女记者产生了从未有过的恐惧——海盗不是正规军作战，一些国际公约限制不了他们，他们可能在一怒之下，随时干出伤害她的事情。

然而，面对一个强硬的女记者，海盗们还是怕伤害她引起国际公愤，没

敢有一点越轨的举动。

回国后，金英美不顾连日的惊恐和疲劳，连夜制作节目。第二天，她冒死采访来的被绑架人质的新闻，在韩国NBC电视台播出。

韩国民众纷纷要求政府立即拿出良策，确保人质尽快获救。在社会舆论和国际组织的巨大压力下，韩国政府紧急派员和海盗协商，最终以80万美元和海盗成交，救出了全部人质。

就是这样一个身单力薄的女记者，胸中怀揣对于自己事业的正义理想，站在了海盗的对面，最终挽救了25条生命。

金英美用自己的实际行动履行了一个记者的神圣使命，这不仅是一种职业道德，更是对生命的尊重。她的举动令世人惊叹：“她内心要有多么强大，才能够让虚无的正义理想战胜真实而恐怖的海盗啊！”

第 5 章

乐观人生

1947年，电影《开往印度的船》杀青后，出道不久的伯格曼妄自尊大，自我感觉棒极了，认定这是一部杰作。

“不准剪掉其中任何一尺!”伯格曼傲慢地说，他甚至都没有试映就匆忙首映。

结果可想而知，拷贝出了重大问题，糟透了!

伯格曼在酒会上喝得不省人事，次日，他在一幢公寓的台阶上醒来，看着报纸上的影评，非常沮丧。

这时，他的一位朋友笑容可掬地对他说：“明天照样会有报纸。”

伯格曼恍然大悟，他立即振作起来，准备重新开始学习。他从失败中吸取了教训，在下一部电影的制作中，只要有空就去录音部门和冲印厂，学会了与录音、冲片、印片有关的知识。

从此，他终于能得心应手地驾驭那些电影技巧，一代电影大师就这样成长起来了。

※　　※　　※

所有的苦难都会过去，所有的冷言讥语都会消失，你需要做的，就是乐观地看待过去的失败，重新投入到奋斗当中去，争取在明天的报纸上写下最新、最精彩的内容。

没胳膊、没腿、没烦恼

假如有一天，你失去了双手、双脚，你将如何吃饭、穿衣、自由地行走、奔跑？你的人生能否像他一样？

27 岁的澳大利亚青年尼克·胡哲每天都要面对这个现实：生来就没有四肢，只能靠一个“小鸡腿”（左脚掌及相连的两个小脚趾）来活动。

身体的残疾让尼克从小就受到嘲笑，十几岁了，他还需要父母抱着进洗手间，那种尴尬和羞愧，几乎让他无地自容。

8 岁时，他想过自杀，10 岁时，他尝试自杀了 3 次，没有成功。

之后，他慢慢意识到，自己与世界是不同的，他时常问自己：“我存在的价值在哪里？”

第一次玩足球，球向他疾速飞来，他的第一反应是用“小鸡腿”去接。虽然此后一个星期他都只能跷着脚，用大腿根部走路，但这次尝试让他突然发现，没什么不可以的，这些事情自己也能做。

他学习写字，把妈妈制作的塑料模型套在脚趾上，夹住笔写写画画。现在，他每分钟能在电脑上打 43 个字母；他学习刷牙，将牙刷夹在脖子和肩膀之间的肌肉里，来来回回移动嘴巴。

在学校里，他和别的孩子一起学习、运动，他会踢足球、打高尔夫、钓鱼、玩滑板；他擅长骑马、游泳、驾快艇。进了大学，他还成为校学生会主席。

“至少我还有大脑，不是吗？”尼克笑着说。

有一次，他作了一次公开演讲，很多人为他的故事潸然落泪，一个女孩哽咽着拥抱了他，在他的耳边说谢谢。那一刻，尼克忽然觉得，自己给别人带来了希望，而这正是自己的价值所在，于是他决定，“我要做一个演讲家！”

尼克的演讲现场总是热闹非凡，台上的他，喜欢不安分地用“小鸡腿”跳来跳去，对观众搞恶作剧。

“我最喜欢开玩笑了!”仗着身材“迷你”，他曾让朋友把自己塞进飞机行李吓唬别人。他还在汽车座椅子上原地转圈，邻车的司机透过车窗玻璃，看到他头部在360度旋转，惊得目瞪口呆。

他用仅有两个脚趾的脚掌灵巧地敲击打鼓机，节奏强烈的音乐顿时震撼全场。

“酷毙了!”他吹着口哨，神采飞扬，有着同龄人的活力。

“我喜欢我的小脚掌!”他调皮地用脚趾比划出一个“V”字。

在放给观众的短片中，他从跳板上一跃而下，周围人提心吊胆，他突然从水里冒出来，哈哈大笑。

“人们的确忘掉了我没有双臂和双腿的事实，而将我当成了普通人看待。”

尼克走遍了20多个国家，与上百万人分享独特的人生；他的演讲《没胳膊、没腿、没烦恼》每到一处都能激起心灵震撼；他的演讲被制作成视频，风靡网络。他创办了网站“没有四肢的生活”，号召全球各地的年轻人行动起来，帮助贫穷的孩子。

2009年来到中国时，他特意去了四川，给经历过地震灾难的孩子们演讲。这些孩子们，有很多在灾难中失去了手脚，尼克希望用自己的故事给他们前行的力量。

人生絮语：

生命中有些东西是我们不能控制和改变的，当你觉得没有希望的时候，只是因为你没有看到希望，但不要以为你看不见，希望就不存在。

乐观一点，只要生命不息，就要奋斗不止。

梁家辉摆地摊

梁家辉是香港的著名演员，主演了大量很有影响力的影片，在香港和内地都拥有大量的铁杆粉丝。

内地观众认识梁家辉是从他主演的《火烧圆明园》和《垂帘听政》开始的，在这两部电影中，他的演技博得了许多观众的喝彩，他也因此获得了“香港影帝”的称号。

正当事业蒸蒸日上的时候，梁家辉却遭遇了戏剧性的变故。由于这两部影片是在北京拍摄的，而当时台湾当局对内地实行敌对政策，台湾当局就把梁家辉封杀了，导致他所有的影片都不能在台湾放映。

从此，没有导演敢邀请他拍片，一个影帝沦落到无人问津，接不到戏的尴尬境地。

无奈之下，梁家辉联络了几个朋友，自己设计、自己制作了一些工艺品，诸如手镯、铜钱什么的，并拿着这些东西去铜锣湾摆地摊换取生活费。

一个记者拍到了这样的镜头，镜头从一个个摊位掠过，最后定位在梁家辉身上，还给了一个特写：只见梁家辉蹲在地上，面前摆着他的工艺品。

他没有躲避记者的镜头，反而很自然、很友好地向记者挥手笑笑，他仍然蹲在那里守护、抚弄、叫卖着他的那些小玩意儿。

记者问他：“摆地摊和拍电影有什么不一样？”

他说：“没什么不一样啊！都是艺术嘛，你看，我卖的这些工艺品不都是艺术品吗？”

梁家辉整整摆了一年地摊，这一年，他认识了很多人，也积累了很多人生经验，为他以后炉火纯青的表演打下了基础。

曾有媒体报道说，摆地摊那年，是梁家辉演艺生涯中最黑暗、最落魄的时候。但梁家辉却说：“我不觉得这是落魄，我觉得这也是一种生活。”

人生絮语：

人就应该这样乐观地面对生活，当影帝是一种生活，摆地摊也是一种生活。只要希望还在，这点困难算什么呢？

蹩脚的文身师

英国青年路易斯·莫里大学毕业后谋得了一份银行职员的工作，工作清闲，收入也相当可观。

可过了一段时间之后，他逐渐厌烦起来，那种刻板乏味的程式化生活让他厌倦，他选择了逃离。

路易斯是一个有着自由天性的人，他想做令自己痴迷且愿意为之付出所有的工作，所以他去学了文身。他觉得，这是一种能充分表达自我、展示个人生命价值的工作，是一种可以时刻跟灵魂对话的艺术创作。

路易斯转行成为一名文身师，拥有了自己的创作室。

一开始，路易斯的创作室门可罗雀，一个刚出道的年轻人，自然没有什么人气。艰难地熬过了头3个月的冰封期，才开始陆陆续续有了一些零散顾客，路易斯看到了希望。

有一天，路易斯正在接待几个顾客，其中有一对年轻情侣，他们文身的意愿尤为强烈，见面后就兴致勃勃地不停咨询，这是一桩把握很大的生意。

正在这时，门被猛地推开，外面闯进一个人，一进门就朝路易斯大喊大叫："你这个骗子，自诩是文身师，你看你都在我身上弄了些什么玩意儿！"

路易斯回过神后，才发现这个暴怒的小伙子是自己昨天接待的一个顾客，在他敞开的后背上，绘的是一位单手持长矛站立的中世纪武士。

"你看看，我身上的武士竟然是左撇子，哪有这么巧的事？"路易斯一看，果然如此。

在场所有的人都把眼光投向路易斯，眼光里充满了质疑、不屑与鄙视。

他恨不得找个地缝钻进去！他不知道人们何时走光的，只知道自己跟那位小伙子说尽了好话，最后退了文身费用不说，还赔了一笔精神损失费。而且，办公桌上还有那家伙吐的一口唾液！

有了这次教训，路易斯在以后的工作中变得非常谨慎。可是，出丑的事还是接二连三地发生。有时是把雪花弄成了八个瓣，有时是把外来文字的字母拼错，有时是构图失误，有时是着色出错，毛病都出自细微之处，但几乎都是硬伤。

因此，他那间位于伦敦繁华地带的创作室，经常成为人们围观看热闹的最佳去处，甚至有一个月，他曾有 6 次被顾客兴师问罪的记录。

自然，他为出错付出了沉重的代价，退款外加弥补损失费是最轻的，遭受羞辱痛骂是家常便饭，最严重的一次，是他的招牌被砸。

甚至，当地有好事者经常调侃路易斯，说他是“一个习惯把羞愧和苦笑文在脸上的倒霉蛋”。不过，好在他都忍了下来，同时更加勤奋。

这样的隐忍和坚持开始为他带来回报：他出错越来越少，当众出丑的次数也相应减少。到后来，他技艺大长，再也不犯错，再也不会出丑了。

随着技艺和名气的提升，路易斯迅速走红，他用了 3 年的时间就成为了文身业的大鳄。球星贝克汉姆极为赏识他的才华和艺术风格，特邀他担任自己的“御用”文身师。贝克汉姆身上令人着迷的 13 处文身，都是路易斯的杰作！

有媒体说他的成功缘自不怕出丑，路易斯笑着摇头说：“这话只说对了一半，经历了出丑，结果仅仅是以后再也不怕出丑，这个人至多只能算是脸皮厚到了家，这只是出丑导致的最低级的效应。”

当记者追问路易斯出丑的最高境界是什么时，他的回答是两个字：“出色！”

人生絮语：

在反复出丑的沮丧中，路易斯锁定目标，完善自我，最终成就了梦想。可见，将出丑出到出色的境界，需要一种积极乐观的心态去面对这种尴尬，这是成功的一种模式，更是一种人生的智慧。

沉没成本

诸宸下棋之余，还是个多才多艺的人。她文章写得很好，绘画也不错，她说："棋手要下好分内的棋，这是职责；棋手又要下好分外的棋，这是人生。"

因此，1995年，当清华大学的大门向诸宸敞开时，她毫不犹豫地选择了中文系。四年后，她又转到了经济管理系，开始学习经济学课程。

2000年12月，在印度举行的世锦赛上，诸宸碰上了来自美洲大陆的冠军L Krush，这个名字译成汉语为：我要摧毁你！这个杀气腾腾的名字，诸宸却没当回事儿，念着这个"赤裸裸"的名字，她甚至还笑了起来。

可没想到，刚进第二盘，她就缴了械，在比赛的第一轮就被淘汰出局了。

10多年来，诸宸经历过各种各样的比赛，唯有这次输得这么窝囊。坐在棋桌前半晌，她才站起来，口中念念有词："L Krush……L Krush……"

从国外到国内，从2000年到2001年，差不多半年，她一直在咀嚼着印度闷湿的天气，还有那场仿佛还没整理好行装就溃不成军的败仗，她的心里脆弱到不敢轻易去触摸自己最爱的国际象棋。

比赛后的一天，诸宸在清华大学上课，经济管理专业的老师讲了一个概念："沉没成本"。

"比如你去看电影，发现票忘带了，你应该重新买一张而不是再回去找。因为前边你的一切准备都已经成了'沉没成本'，不要把它浪费掉。"

"由这些道理推及到下棋，你可能下错了一步臭棋，但这已属于'沉没成本'了，只要静下心来，就算输掉也不要紧，一个比赛有十来盘棋呢，不要影响下一盘棋。"

诸宸把"沉没成本"的道理细细品味，终于走出了失败的阴影。

2001年9月，诸宸重回赛场，在几次国际赛事中连创佳绩。2001年12月的女子世界锦标赛上，她荣膺自1927年第一届女子世锦赛以来的第九位

世界冠军，并圆了她的大满贯梦。由此，她成为世界上第一位集世界少年、青年、成年冠军和世界团体冠军于一身的选手。

在人生路上，我们也经常会有下错棋的时候，不要再浪费时间沉溺于后悔之中了。把“沉没成本”踩在脚下，去攀登更高的山峰吧！

想一想，死不得

有万里“长江第一矶”之称的南京燕子矶，地势十分险要，陡峭的悬崖峭壁，兀立江边，其形状宛如展翅欲飞的娇燕，故被世人称为“燕子矶”。

1927 年，著名教育家陶行知来到这里，在燕子矶畔的晓庄村创办了晓庄师范学校。教学之余，陶行知常常眺望着燕子矶秀丽的景色，对大自然的鬼斧神工赞叹不已。

可陶行知在这里，却听到了一个不好的消息，因燕子矶地势险要，常常有人选择在这里跳崖自杀，结束自己的生命。

陶行知听了十分震惊，不久，村子里一个年轻女孩不知遇到了什么事，一时想不开，就轻易地结束了自己的生命。

陶行知不禁唏嘘不已，他找来一块木板，在上面写了六个大字：“想一想，死不得”。

随后，他专程爬上燕子矶，在陡峭的悬崖边上插上了这块木板。他还叮嘱看山的老人，如果发现有人要跳崖，一定要让他先看看这块木板。

自从竖起这块木板，从这里跳崖自杀的人明显减少了，一些想到这里自杀的人，看到木板上面写的字，不免犹豫、徘徊起来，在经过内心一番痛苦的挣扎后，就放弃了自杀的念头，悄悄地下山了。

现在，昔日的那块小木板，已被一块石碑取代，石碑上面镌刻着陶行知当年的手迹："想一想，死不得"。

无数登上燕子矶来此旅游的人，都会看到这块石碑。这石碑上镌刻的六个字，已深深地刻在了人们心中，给人们带来对生命无穷的回味和思考，也拯救了许多人的生命，给人们带来希望和勇气。

人生絮语：

在遭遇挫折时，要多"想一想"，就会发现其实"死不得"。只要生命还在，就没有过不去的火焰山。积极乐观地看待生活中那些不顺心的事，相信一切都会过去的。

"但愿我生生世世都是矮子"

菲律宾外长罗慕洛，是组建联合国的发起人之一，世界著名国务活动家，他逝世的时候，联合国为他降半旗致哀。

但这位伟人的身高只有1米6左右，小时候，他也为自己的矮小的身材自惭形秽，年轻时还时常穿高跟鞋遮丑。

但1米6的身高，穿上高跟鞋又能有多高呢？别人还嘲笑他丑人多作怪，为此，罗慕洛愤然脱下高跟鞋，发誓再也不穿。

后来，他在工作中拼命努力，用成就来弥补自己的不足。最终，罗慕洛成为菲律宾的外长。

在联合国成立当天，罗慕洛以菲律宾代表团团长身份应邀赴会发表演讲。当他走上讲台时，由于联合国讲台的高度是按西方人身高设计的，站在上边，他只有两只眼睛露出讲台，引得台下哄堂大笑。

但罗慕洛仍然镇定地站在那里，待笑声渐落，他突然高举起一只手，用力地挥动，同时庄严地说出一句："我们就把这个会场当作最后的战场吧。"话音刚落，全场顿时寂静无声，随之掌声雷动。

后来，罗慕洛说："如果我长得高大英俊，别人一见到我就会觉得我不

一般，那么，当我讲出这种话的时候，别人就会认为理所应当，不会觉得震惊。正因为我其貌不扬，别人轻视我，而当我讲出这种话的时候，别人就会大感意外，对我刮目相看。其实，矮又能怎么样呢？我一点都不在乎，但愿我生生世世都是矮子。”

人生絮语：

人要勇于接受自己，乐观地看待自身的不足和缺陷。淡化自身的缺陷，乐观地看待它，成功的机会人人平等。

落聘者的感谢信

他是一个程序员，在软件公司干了八年，原以为可以这样做到退休，然后拿着优厚的退休金颐养天年。然而，这一年公司倒闭，他失业了。

他的第三个儿子刚刚降生，他感谢上帝的恩赐，同时意识到，重新工作迫在眉睫。作为丈夫和父亲，自己存在的最大意义，就是让妻子和孩子们过得更好。

但失业以后，他的生活凌乱不堪，每天的工作就是找工作。一个月过去了，他没有找到工作。他这才发现，除了编程，自己一无所长。

终于，他在报纸上看到一家软件公司要招聘程序员，待遇不错。他揣着资料，满怀希望地赶到公司。

应聘的人数超乎想象，竞争异常激烈。经过简单交谈，公司通知他一个星期后参加笔试。

凭着过硬的专业知识，笔试中，他轻松过关。考官让他两天后来参加面试。

他对自己八年的工作经验非常自信，觉得面试不会有太大的麻烦。

然而，考官的问题是关于软件业未来发展方向的，这些问题，他竟从未认真思考过。

他落聘了，这让他始料未及。

但他觉得公司对软件业的理解，令他耳目一新，虽然应聘失败，可他感觉收获不小，有必要给这家公司写封信，以示感谢。

于是，他立即提笔写道："贵公司花费人力、物力为我提供了笔试、面试的机会，虽然落聘，但通过应聘我受益匪浅，感谢你们为之付出的劳动，谢谢！"

落聘的人没有不满，也毫无怨言，竟然还给公司写来感谢信！公司领导都感到很惊讶。

这封信被层层传递，最后送到总裁的办公室。总裁看了以后，一言不发，把它锁进抽屉。

三个月后，新年来临，他收到一张精美的新年贺卡，上面写着："尊敬的先生，如果您愿意，请和我们共度新年。"贺卡是他上次应聘的公司寄来的。原来，公司职位出现空缺，他们首先想到了他。

这家公司就是美国微软公司，那位应聘者就是史蒂文斯。十几年后，凭着出色的业绩，他坐到了微软副总裁的位子上。

史蒂文斯遭到失败和挫折，没有怨天尤人，没有悲观失望，而是以一颗感恩的心面对和包容一切。他宽阔的胸怀，乐观的态度不仅感动了别人，也为自己迎来了事业的转机。

到底是谁建造了金字塔

"金字塔的建造者不会是奴隶，应该是一批欢快的自由人！"第一个提出这种观点的，是瑞士钟表匠塔·布克。

塔·布克是第一批因反宗教统治而流亡瑞士的钟表匠，他是瑞士钟表业的奠基人和开创者。1560年，他在埃及的金字塔游历时，提出了这个观点。

2003年，埃及最高文物委员会宣布，通过对吉萨附近六百处墓葬的发掘考证，金字塔是由当地具有自由身份的农民和手工业者建造的，而非希罗多德在《历史》中所记载的，由三十万奴隶所建造。

在四百年前，一个钟表匠为什么一眼就看出，金字塔是自由人建造的呢？自埃及考古工作者证实了布克的判断后，埃及国家博物馆馆长多玛斯便对这位钟表匠产生了兴趣，他想知道这个人到底是凭什么提出的那种观点。

为了搞清这个问题，他开始搜集布克的有关资料。最后，他发现布克是从钟表的制造上受到启发，而预知这个结果的。

布克原是法国的一名天主教信徒，1536年，因反对罗马教廷的刻板教规，被捕入狱。

由于他是一位钟表大师，入狱后，他被安排制作钟表。在失去自由的监狱里，他发现，无论狱方采取什么高压手段，都不能使他们制作出日误差低于1/10秒的钟表。

可是，入狱前的情形却并非如此，他们在自己的作坊里，都能使钟表的误差低于1/100秒。

为什么会出现这种情况？起初，布克把它归结为制造钟表的环境不好。后来，他们越狱逃往日内瓦才发现，真正影响钟表准确度的不是环境，而是制作钟表时的心情。

他之所以能得出“建造金字塔的是一群自由人”的结论，就是基于他对钟表制作的认识。埃及国家博物馆馆长多玛斯在塔·布克在史料中发现了这样两段话：

“一个钟表匠在不满和愤懑中，想圆满地完成制作钟表的1200道工序，是不可能的。在对抗和憎恨中，要精确地磨锉出一块钟表所需要的254个零件，更是比登天还难。”

“金字塔这么大的工程被建造得如此精细，各个环节被衔接得天衣无缝，建造者必定是一批怀有虔诚之心的自由人。很难想象，一群有懈怠行为和对抗思想的人，能让金字塔的巨石之间连一片刀片都插不进去。”

直到今天，瑞士也仍保持着塔·布克的制表理念：“不与那些在工作中采取强制性、克扣工人工资的国外企业联营，那样的企业永远造不出瑞士表。”

人生絮语：

在过分指导和严格监督的地方，别指望有奇迹发生，因为人的能力，唯有在身心和谐的情况下，才能发挥到最佳水平。

这也启发了我们，只有用平和的、乐观的心态对待工作和生活，才会拥有高效率和高品质的生活。

快乐的心情会感染你身边的每一个人，让他们能更快地接受你。悲观、消极只能让对方反感，甚至远离你。

很多人需要我

瑞士的埃尔德集团是目前全球最大的收银机销售公司，但在公司成立的最初几年里，业务代表的消极心态，曾让公司面临全盘溃败的窘境。

在这关键时刻，是一个小鞋匠稚嫩的“演讲”激活了所有销售代表颓废的心境，使濒临倒闭的公司走上了强盛之路。

有一年，公司陷入了空前的财务危机，总裁查尔先生亲自来到业务代表中间探访，他深知业务代表是公司最重要的资产，而保护这些资产的最好办法就是要激发他们的活力。

查菲尔对这些神情沮丧的业务代表们说：“我们的竞争对手，正在散布一些小道消息，说我们公司出现了无法克服的财政危机，还盛传谣言，说我们将削减业务代表，这些都不是事实，我今天来，就是希望大家如实地为自己辩护，诚实地说出自己的困惑。”

有位销售代表说：“我的销售成绩下降，是因为我负责的那个区域正遭逢干旱，大家的生意都受到影响，没有人愿意买收银机，还有，今年是总统大选年，每个人都在关心选举的结果，大家的注意力都在总统身上，没有人有兴趣购买收银机……”

话音未落，第二位业务代表就站起来，他的理由甚至比第一位更消极，

言词中充满了茫然和颓废："我感觉公司快要完蛋了，就像一座岌岌可危的大厦，我承认我正准备跳槽。"

此时，一半的业务代表都坦陈自己确实在另谋出路。

查菲尔打断了代表们的话，镇定地说："现在休会 5 分钟，让我来擦擦鞋子，但请大家仍各就其位，后面将有精彩的内容。"

一分钟后，公司门口那个替员工们擦鞋的小鞋匠被人叫进来了，查菲尔旁若无人地把鞋子伸了过去，并当着业务代表的面，与小鞋匠聊了起来：

"你几岁了？在我们公司门口有多久了？"查菲尔问他。

"我 9 岁了，来了 6 个月了。"

"你喜欢你的工作吗？你怎么看这份工作呢？"查菲尔又问。

小男孩扬起稚嫩的脸说："我相信，我的努力会让很多人需要我……"

业务代表们都沉默了。

这时，第一位演讲过的业务代表说："我明白了，我们之所以销售不好，就是因为我们只接受别人的困难，被对方的困难吓退了，而没有在销售收银机的时候，用我们的快乐和胜利的信念感染对方，并消除他的恐惧心理。其实，不管对方有多少困难，当你把自己的乐观和自信带给他时，他自然就会接受你。"

查菲尔点点头，其他的业务代表也点了点头。之后，公司的员工开始转变工作思路，用自己的乐观和自信感染着客户，公司也很快走出了困境。

人生絮语：

悲观地对待困难无济于事，还可能把悲观的情绪带给其他人，让事情变得更糟糕。用快乐和自信感染对方，对方也会愉快地接受你。

正视卑微

20 世纪 40 年代，一个 10 岁的男孩胆怯地走进了一家为贵族子弟开办的音乐学校。这个男孩刚出生时就能发出独特明亮的嗓音，当时医生认为他长大后会成为一个出色的男高音。

童年时代，小男孩一直生活在要成为歌唱家的期望中，但他出身卑微，一个靠卖面包为生的家庭是不可能让子女接受良好的音乐教育的。幸运的是，这所学校的校长看中了男孩的天赋，破格让他在这里学习。

作为回报，男孩每天最早到学校为学生们烧上开水，下午打扫完卫生后才最后一个离开。

男孩非常珍惜难得的学习机会，他比谁都刻苦。有一年年末，只有这个男孩通过了校长非常苛刻的考试。

校长严厉地指责其他学生，身处良好的环境，竟然还得过且过，浪费光阴，只有那个男孩是班上最优秀的。

“校长，你有没有弄错，他可是卖面包人家的孩子啊!”教室里的学生们发出一片嘲笑，这个男孩脸被羞得通红，低下头一言不发。

“孩子，把正视卑微当成你人生的第一堂课，卑微并不可怕，不思进取才是最不能容忍的，我相信你将来也是最优秀的。”校长对低着头的小男孩说。

男孩果然没有让校长失望，经过 7 年的不懈学习，男孩终于第一次登台演出。又用了 7 年，他进入大都会歌剧院。几年后，他终于成为了一名歌唱家。

1963 年，他在英国伦敦出演的歌剧《波希米亚人》获得巨大成功，1990 年夏天在意大利举办足球世界杯赛期间，他与多明戈、卡雷拉斯一起登台演出。从此，他被世人称为“世界第一男高音”。

这个小男孩就是帕瓦罗蒂。

人生絮语：

出身不能决定未来，卑微不是一辈子都卸不掉的包袱。正视卑微，积极地面对生活，就能梦想成真。

都是阳光惹的祸

华盛顿广场的杰斐逊纪念馆大厦年久失修，建筑物表面斑驳陆离，后来竟然出现了裂痕。虽然政府采取了很多措施，但仍无法阻止事态的发展，于是，政府派出专家调查原因。

调查结果是：冲刷墙壁的清洁剂对建筑物有酸蚀作用，而该大厦墙壁每日被冲洗的次数，大大多于其他建筑，受酸蚀损害严重。

但是，为什么要每天冲洗大厦呢？因为大厦每天被大量鸟粪弄脏。

为什么这栋大厦有那么多鸟粪？因为大厦周围聚集了特别多的燕子。

为什么燕子要聚在那里？因为大厦上有很多燕子爱吃的蜘蛛。

为什么这里的蜘蛛多于别处？因为大厦的墙上有很多蜘蛛爱吃的飞虫。

为什么这里飞虫多？因为飞虫在这里繁殖得特别快。

为什么这里的飞虫繁殖得特别快？因为这里的尘埃最适宜飞虫繁殖。

为什么这里的尘埃最适合飞虫繁殖？因为这里有充足的阳光。

这里的尘埃本无特别，只是因为有了从窗子照射进来的过于充足的阳光，形成了特别适宜飞虫繁殖的温床。大量飞虫聚集在此，以超常的速度繁殖，于是给蜘蛛提供了大量的美餐，于是燕子飞来了……

所以，解决问题的办法非常简单：拉上窗帘，挡住过分充足的阳光。

人生絮语：

阳光温暖、祥和，给人快乐，给人希望，使一切充满生机，使一切欣欣向荣。没有阳光，生命无法存在。然而，事实就是这样，阳光也能惹祸。

世界上没有任何一种东西是完美无缺的——包括我们一致赞誉的阳光。

那么，面对我们不完美的爱人，不完美的孩子，不完美的朋友，不完美的生活，我们还能抱怨什么呢?

乐观地看待生活中的不足，世界上根本不存在完美的事物。

命运的第二次机会

1962 年，他出生在法国南部的一个小镇。7 岁那年，他得了软骨病，一直到成年，他身高还不足 1.1 米，他手足无力，生活无法自理，基本上形同废人。

7 岁那年，一次偶然的机会，父亲发现他对钢琴有浓厚的兴趣，于是鼓励他学钢琴，13 岁那年便试着让他参与剧团的演出。

剧团里有名的小号演奏家布鲁内在跟他合作了几次之后发现，他在钢琴方面有着特殊的悟性，就将他推荐给打击乐演奏家洛马诺重点培养。

在两位音乐家的帮助下，15 岁那年，他推出了第一张个人专辑《闪光》。一个残疾人能演奏出如此优美的曲子，这在法国音乐界引起了轰动。

陶醉在乐声里，他忘记了身体上的残缺，他的钢琴越弹越好，名气越来越大。从 1987 年开始，不到 10 年时间，他的足迹遍及纽约、伦敦、米兰、东京、巴黎，成为名噪一时的钢琴家。

他的名字叫米歇尔·贝楚齐亚尼。

有人问起贝楚齐亚尼成功的秘诀，他说了这样一句话：“我是一个不幸的人，但幸运的是，我把握住了命运的第二次机会。”

“观众们第一次来看我演出，只是出于对我外表的好奇，如果不能用音乐征服他们，他们就不会再来看我的演出了。只有音乐，与众不同的音乐，才能让他们记住我，才能给我改变命运的第二次机会。”

为了把握好这个第二次机会，贝楚齐亚尼付出了常人难以想象的努力。每天，他拖着残疾的躯体，在钢琴旁一坐就是 8 个多小时。

他的左手严重变形，手掌、手腕往内倾斜，视力、听力不健全，行动极为不便。即使在这样的情况下，他仍是几十年如一日地坚持练习。

成名之后，他每年的演出超过 180 场，但每天 8 小时的练习却从不间断，直到他在钢琴上折断指骨，再也无法弹琴。

贝楚齐亚尼一生只度过了短暂的 36 年，然而，他乐观向上的人生态度和坚忍不拔的毅力，却感动了世界。

乐观地看待不幸，只要自己坚持梦想，全世界都会给你让路。

赤脚运动员

贝基拉出生在埃塞俄比亚的一个贫苦的家庭，很小的时候，他就渴望成为一名驰骋赛场的长跑健将。他时常站在训练场边，羡慕地看运动员们的训练，但极度贫寒的家境，让他自卑得有些羞愧——他不仅拿不出训练费，连最便宜的普通跑鞋也买不起。

那天，贝基拉不知不觉地又走到训练场边，望着跑道上那些奔跑的身影，他既羡慕又难过，心头奔跑的希望亮起来，又暗淡下去。

一位跨栏教练员听了贝基拉的倾诉，将他带到一组很矮的栏杆前，让他

一路跑过去，他轻松地跨越一个个栏杆。

教练员又指了指那组已升高到足有 1.5 米的栏杆，让他再试一试，他努力了好几次，也没能跨过去。

这时，教练员平静地告诉他："孩子，你刚才所说的那些困难，就像眼前的这一道道栏杆，它们会横在每个人的面前，那些你现在跨不过去的栏杆，可以在一次次的失败后，最终跨越它们，你还可以踢翻它们，也可以绕过它们，你只需盯准你向往的前方，只管努力地向前奔跑，相信没有什么可以拦住你的梦想。"

教练员的一席话重新点燃了贝基拉的希望，从此，买不起跑鞋的贝基拉开始了他坚定而执著的赤脚奔跑训练，广袤的原野、泥泞的山路、坚硬的戈壁滩上……随处可见他奔跑的身影。仅仅几年时间，他已练出了一双铁脚板。

数年后，他成了埃塞俄比亚著名的马拉松运动员。

1960 年，罗马奥运会马拉松赛场上，贝基拉一出现，便引起人们的关注，因为他是唯一赤脚的运动员。在数万名现场观众热烈的掌声中，贝基拉为祖国赢得了一块沉甸甸的金牌。

距 1964 年的东京奥运会开幕还有 20 多天，贝基拉动了一次手术，很多人以为他会放弃比赛，然而，32 岁的他不仅出现在马拉松赛场上，而且还再夺金牌，成为奥运史上第一个蝉联马拉松项目冠军的选手。

比赛结束后，贝基拉激动地感慨道："一切都很简单，只要站在跑道上，就没有什么障碍可以拦住奔跑的雄心，我只管向前，再向前，一路向前地奔赴梦想的终点。"

人生絮语：

每个人面前都可能有阻碍前行的"栏杆"，贫穷、疾病、磨难，面对这些障碍，只要不失去向前奔跑的雄心，勇敢地跨越它们、踢翻它们，就会抵达梦想的前方。

主持人的那只手

贝蕾的手有先天性的缺陷，这让她很自卑。

贝蕾小的时候，她的爸爸说了这样意味深长的话："不要让外界告诉你：你能做什么。手如果缩进了袋里，你就永远爬不上成功的梯子。"

高中时贝蕾想学打字却被拒绝，只因为她会拖全班的进度。爸爸告诉她："时光易逝，你不能就那样被阻挡，还有好多障碍等着呢。"于是，她借了朋友的打字机开始自学。

贝蕾有自己的明星梦，但她又发现了更为吸引她的东西：新闻。是校刊和年册启发了她，她要做记者。

到电视台工作成了她的理想，可贝蕾明白，机会于自己微乎其微：电视上那些女士多么"完美"！她觉得自己只能去广播电台。

她选了些有关广播电视的课程，然后将自己的录音带寄给全国各地几家电台。

她的第一个工作是通过电话在堪萨斯市立电台找到的，但当节目主持见到她时，却紧盯着她的手，他怀疑她怎能操纵得了演播台上的按钮，而那不过是最简单的手工活。

贝蕾已觉察他的犹豫。于是她就做了一直努力练习的动作让他看。以后4年，贝蕾便一直从事心爱的电台工作，从堪萨斯到纽约，最后到圣地亚哥。

贝蕾依然觉得，电视梦实现之前她是不能满足的，她决定孤注一掷去电视台工作。

但一次次的失败让她心灰意冷，一些电视台只是轻率回绝，不讲任何理由。另一些电视编导则摇着头，说："遗憾！你的手容易分散观众注意力。"

可贝蕾从未放弃过，她不停地求职于圣地亚哥一个又一个电视台，她花了一年半时间转了个大圈，最后"KG"电视台的新闻主持伦·迈尔恩先生让她成了消费者专栏的记者。她知道他们没有先例让有缺陷的人上镜，用自己只是尝试。

三周后，贝蕾开始感到不安，在 KG 电视节目中首次亮相，她戴着仿指手套。它看起来几可乱真，但贝蕾却觉得非常虚假。

“我岂不成了木偶!”屏幕上，她的身体语言又僵硬又呆板。

爸爸及时提醒她：“不要抱怨，你必须懂得在电视上报道新闻的机会可是介于零和无限之间的。”

她没有抱怨，但伦·迈尔恩察觉到了她的不安。

“是这手套，”贝蕾告诉他，“让我觉得好像戴着面具。”

他说：“摘下它吧。到镜头前去，让我们看看又会怎样。”

她感到宽慰，更感到惊慌。她想：“我的电视生涯就在此一举了，观众否定的信和电话将永远刺破我的梦想。”

那天晚上 5 点播新闻，贝蕾赤手出现在屏幕上。

接下来，便是等待。

电视台电话交换机的指示灯亮了。信，雪片般飞来，每个电话和每封信都肯定了她。许多人赞叹贝蕾显现出真实的自我。更有甚者，有些人根本没留意她的手，对她的表现慷慨地给予了“自然”的评价。

贝蕾很快成为了美国 CBS 电视台最著名的节目主持人之一。

人生絮语：

对于我们不能改变的东西，比如先天缺陷，家庭出身，唯有乐观地看待它，忽视它的存在，把它的影响降到最低，才能走出厄运的阴影，赢得成功。

第 6 章

困境是成功的前奏

在美国，有一个名叫雷·克罗克的人，他出生那年，恰遇西部淘金热结束，一个本来可以发大财的时代与他擦肩而过。

按理说，读完中学后他应该去读大学，可是 1931 年的美国经济大萧条，使囊中羞涩的他和大学失之交臂。

后来，他想在房地产方面有所作为，好不容易生意才打开局面，不料第二次世界大战烽烟四起，房价急转直下，结果“竹篮打水一场空”。

就这样，几十年来低谷、逆境和不幸一直伴随着雷·克罗克，命运无情地捉弄着他。

56 岁时，雷·克罗克来到加利福尼亚州的圣伯纳地诺城，看到牛肉馅饼和炸薯条备受青睐，于是，他到一家餐馆学做这种东西。对于一个年过半百的学徒来说，其中的艰辛是可想而知的。

后来，这家餐馆转让，雷·克罗克毅然接了过来，经过自己的苦心经营，这家快餐店的生意蒸蒸日上。现在，它的分店遍布全世界，年收入高达几亿美元。

这家快餐店就是“麦当劳”。

※　※　※

如果你去问那些成功的人士，没有人会告诉你他的成功来得容易。每个人在奔向成功的路上都会遭遇各种各样的困境，但这些困境决不是一堵跨越不了的墙。

长城都可以攀登，何况困境只是成功的前奏，战胜它，就能够跨越挡在面前的墙，听到胜利的凯歌。

靠捡硬币发家的默巴克

默巴克出生于美国一个贫困家庭，从小饱受歧视。他凭借着不屈毅力，19岁时，考入美国名校斯坦福大学。

但家庭经济的窘迫，容不得他像富家子弟那样悠闲自在，他不得不利用课余时间四处奔波，赚取微薄的收入，交纳学费，维持生计。

默巴克主动向校方提出勤工俭学，包揽学生公寓的卫生打扫工作，他非常珍惜这份工作，干活一丝不苟。

打扫公寓时，默巴克经常在墙脚和床铺下面清扫出一些硬币来，他都会主动问同学们谁丢了钱。同学们并不理会他，他们要么不屑一顾，要么就是懒洋洋地告诉他："不就是几枚破硬币吗？你不嫌弃就拿去好了。"

虽然他们语带讥讽，默巴克并不尴尬，在同学们怪异目光的注视下，他默默捡起了一枚枚带着灰尘的硬币。

第一个月下来，默巴克把捡到的硬币进行清点，连他自己也感到吃惊：竟有500美元之多！这令他喜出望外，这些白白捡来的硬币，不仅解决了学费的燃眉之急，而且还让自己的生活质量大为改善。

这份额外收入让默巴克突发奇想，他决定把人们不重视硬币的事情，反映给国家有关部门。

他分别给国家银行和财政部写了信，建议上述部门应该关注小额硬币被白白扔掉的情况。

财政部很快回了信，信中，财政部的工作人员告诉这位贫困的大学生："正如你反映的那样，国家每年有310亿美元的硬币在市场上流通，却有105亿美元被人随手扔在墙脚和别的地方，虽然多次呼吁人们爱惜硬币，但收效甚微，我们对此也无能为力。"

这样的答复不免让默巴克沮丧，但同时他从中看到了潜在的巨大商机。从此，他便用心收集关于硬币方面的资料，从资料中得知，一般硬币的寿命可达30年左右，而这些硬币常散落于各家各户的墙脚、沙发缝、床底下和抽屉等角落。

默巴克决心从中打开缺口，开创事业。1991 年，默巴克大学毕业，他不像其他同学那样奔波求职，而是针对人们日益增长的换取硬币的需求，成立了一个“硬币之星”公司，并购买了自动换币机，安装在附近的各大超市。顾客每兑换 100 美元硬币，他会收取 9%的手续费，所得利润与超市按比例分成。

开业伊始，默巴克“硬币之星”公司的生意便异常火爆，他不仅赚取了丰厚利润，也大大方便了超市和顾客，赢得了人们的普遍欢迎。

默巴克继续扩大公司的业务，把“硬币之星”燃遍了全美，获得巨大成功。1996 年，公司开张仅仅不到 5 年时间，“硬币之星”公司便在全美 8900 家大型超市设立了 11800 个自动换币机连锁店。

又过了两年，当年那个被人们讥讽为穷小子的默巴克，摇身一变成了亿万富翁，“硬币之星”也成为纳斯达克的上市公司。

每个人在这个世界上都是独一无二的，也许你的出身很卑微，也许你在某个方面不如别人，但永远都要记住，没有任何人能够取代你独有的位置。只要坚守自我，克服一切困难，就一定能掌控自己的命运。

多备一只电筒

他出生在台湾基隆的一个贫困家庭，自清代起，家族连续五代都是七星矿区的挖煤工。所以父母对他没有过高的奢望，只希望他成年后能继承父业在矿区安分地挖煤。

穷人的孩子早当家，为了分担家用，上国小一年级只有七岁的他，就在制服后面贴上“打工”两个大字，在街头招摇着找工作。

差事很快找上门，只不过活儿不轻松，一般人还不敢做，因为这工作要跟尸体打交道。

那年月，矿坑事故多，通常是人死后就被草草地埋葬，因此常有人要帮忙挖坟墓。他打的第一份工就是替人挖坟。懵懂的年纪，还不太懂得挖坟这事不光彩不吉利，他接到任务后就不知疲倦地挖，直挖得汗流浃背挖得阴风飕飕，但也只能挣到微薄的工钱

连续挖了三年，他挖坟越多越害怕，再也承受不了内心的恐惧，最后他终止了这项营生。

他开始利用周末假日去替果农除草，其他的除草工除草不除根，一个月后就得返工，他先用镰刀割，再用手拔，斩草还拔根，时间多耗去一倍，却可以持续三个月到半年也无需再除。

渐渐地，果农们都知道他做事细致负责，争相把除草的活儿交给他，甚至在他忙不过来时搁上几天等着他，而不愿交给其他人。

十三岁时，他以优秀的成绩考入基隆初中，父亲却因受伤生病再无法下矿坑。他决心代父去挖煤。

他戴上大头盔，穿上厚工服就进到温度很高的矿坑，躬身去挖煤。矿坑里伸手不见五指，手一擦汗炭灰便飞进眼里，辣辣的疼。更要命的是，坑道布满地下水，一旦误踩入水坑，双脚就得整天泡在湿臭的地下污水中，肿胀难忍，这里仿佛人间地狱。

接连几天，他在煤坑不是眼睛受伤，就是双脚被污水泡肿，甚至几次还险些被坍陷的煤泥砸中，他受尽了痛苦折磨。

他在煤坑里的笨拙表现惹得工友们阵阵哄笑，有位老者看不过去，偷偷地送了他一只电筒。

那是一只外形简陋且粗糙的电筒，光亮也微弱，但昏黄的光却足够照明地下的水坑和四壁的裂缝。

于是，他再下煤坑，就先用电筒照亮周围的环境，待到把危险都排除了，才专心地挖煤。这样一来，受伤和危险的事再少有发生。

1969 年，他考取了台北商专，成为矿区的一大新闻。为赚取学费，他打算去高尔夫球场当球童，可白天有课，球场又不设夜场，他只剩下大清早可以打工。

幸运的是，有位王老板习惯在清晨打球。这位王老板脾气暴躁，天没亮

光线不好球常常打出后捡不回，他就要把球童训上半小时，没有球童乐意替他服务。可他一心想赚钱，顾不了那么多了，他接受了这差事。

到了球场，四周黑压压的一片，他不由心里发慌，这才知道要在黑暗中找回打出去的一颗小白球是多么不容易。

到王老板开球前，他先站到球前面两米开外，待球打出后，他就紧盯住那白点不放，还配合着听球落地的声音，再迅速朝落点飞奔过去。

他很快捡回球，乐呵呵地说自己眼力不错。那天，王老板练习了十八个洞，他集中眼力和心力去捡球，没有遗漏一个。

“原来只要用心用力，世上没有做不成的事。”他想

可是半个月后的一次，球被打出去了，他看得仔细也听得真切，仓促地朝落球处跑去，却怎么也找不着。

他失落地返回来，惶然地等着被训骂。出乎意料，王老板没骂他，反倒平缓地说：明天给你配个电筒吧，这样你就能看得更远更清楚了。

他如释重负地笑了，不自觉地回想起当年在煤坑里挖煤时的电筒，也深信电筒能帮助自己更好更快地捡回小球。

第二天，王老板守信地带来一只精致的电筒，并与他说好，让他提前守在落球的方位，把那片目的地照得明亮。这样一来，被打出去的球就再也没有丢失过。

一次休息时，他向王老板讲起当年挖煤的事，提及电筒在煤坑的作用，反复感谢王老板的帮助。

王老板语重心长地说：“挖煤时带上电筒，就能照清周围的风险；捡球时带上电筒，就能照亮远处的小球。别小看一只小电筒，如果人的一生都带着它，兴许就总能比别人更早地看清隐蔽的困难和风险，总能比别人更远地看见潜藏的目标和机会。”

他惊愕地望着这个老者，默默地想，其实，更早地洞察风险，更远地看清时运，不仅是挖煤和捡球的妙方，而且也是做好天下事的良策啊！

从此以后，他遇事都以早洞察风险、早把握先机来提醒自己，终于取得了美国艾玛拉大学教育学硕士学位，成为任教 20 多所学校的教授。而立之年，他成功转行营销保险业，创下单件保额过 4 亿、一天成交 200 户房屋、半年卖出 99 部奔驰车等一系列纪录。

他，就是台塑集团 CEO 王永庆曾经的球童，如今被誉为“亚洲保险王”

的蔡合城。

人生难免遇到前行的“黑障”，让你看不到光明，只要懂得为人生多备一只电筒，做到凡事都比他人更善于洞察，更富有远见，才能走出困境，拥有光明的未来。

明星脸上的疤痕

上个世纪90年代末，弗朗索·洛奇就读于耶鲁大学心理系。临近毕业前，他一直在为确定合适的论文主题而苦恼。

一天，他看到大街小巷到处贴满了好莱坞著名影星哈里森·福特的电影海报。突然，一个论题从他脑子里冒了出来：伟人何以为伟人？最好的例子，恐怕就是这位名噪一时的好莱坞影星了。

哈里森·福特的成就众人皆知，电影史上排名靠前的30部影片中，他一人就独揽了7部。他曾获奖无数，还被《人物》杂志评为“在世的最性感男人”。因为主演了动作大片《空军一号》，他还成了有史以来唯一一位得到总统嘉奖的演员。

对于福特，洛奇知道的就只有这些。“他成名之前的状况如何？是否得到过贵人的相助？”想到这，洛奇当即折回图书馆，查阅了所有有关福特的资料。

洛奇这才知道，早在1964年，福特就开始了跑龙套生涯。后来，迫于生计，福特干起了木匠的行当——制作道具。直到25岁时，他才被星探选中，得到了一个只有一句台词的角色。

眼看人生就此好转，福特兴奋不已。然而乐极生悲，下班路上，他开车撞上了电线杆，下巴重重地磕在了方向盘上。

痊愈后，他的嘴角留下了一道伤疤，如同一条蚯蚓，沿着下巴蜿蜒而下，一直伸到了脖子上。

但让人不可思议的是，自从这次车祸后，福特的人生却青云直上：先是被著名导演兼制片人乔治·卢卡斯大胆启用，接着，史蒂芬·斯皮尔伯格又诚邀他出演自己的影片……

于是，洛奇兴奋地得出一个结论：一切都因福特车祸中留下的那道伤疤而转机。因为，福特在多部影片中，都曾有意无意地提及过它：《圣战奇兵》中，是由于“第一次挥鞭子的时候，不小心被鞭子打伤”；而在《上班女郎》里，则是因为“深夜如厕不幸撞上了马桶”……

那是不是可以说，哈里森·福特的成功要归功于这条疤痕？

在得出这个结论后，洛奇又陷入了另一个困惑中。照理说，面部创伤对一个演员来说，是一个致命的打击。但恰恰相反，福特的明星梦并没有因此而破灭，却反倒成了其腾起的契机，这的确值得深思。

历经半年多的潜心钻研和深入求证，洛奇总结出一套理论：面部有疤痕的男人更具魅力。因为人在潜意识里，会认为这是阳刚之气、勇于冒险和英雄气概的象征。这就是心理学上著名的“疤痕定律”。

当年，洛奇就凭借“疤痕定律”而被著名心理学家本杰明·布鲁姆收为关门弟子。接下来，布鲁姆把爱徒的高见写到信中寄给了福特。

两天后，师徒俩收到了福特的答复：“遭遇苦厄时，有些人只知道一味地埋怨，甚至消沉，有的人则处变不惊，随缘自在。其实，苦厄就像疤痕，说不定它们正默默地、不为人知地帮着你呢。”

人生絮语：

接受命运的安排，是一种睿智也是一种勇气。埋怨无济于事，迎难而上，勇敢面对命运的挑战，你会发现，其实，苦难又何尝不是神的恩赐呢？

其实他和你一样

其实他和你一样：他出身普普通通，却身怀远大理想。多年前，他在1983年版的《射雕英雄传》中扮演那个宋兵乙，为增添一点点戏份，他请求导演安排“梅超风”用两掌打死他，结果被告之“只能被一掌打死”。

作为“死跑龙套”的小人物，当他第一次在导演面前谈到演技的时候，在场的人无一例外都哄堂大笑；但他依然不断思索、不断向导演“进谏”，直至2002年，他自己当上导演。那年，他获得了金像奖“最佳导演奖”。

其实他和你一样：上世纪90年代，在一趟开往西部的火车上，梳着分头、戴着近视眼镜的他看上去朝气蓬勃，内心却带有微微的惶恐。那时的他严肃乏味，常常独坐好几个小时不说话。后来，他转行做主持人。

1998年他第一次主持的电视节目播出时，他发现自己说的话几乎全被导演剪掉了。

他让身为制片人的妻子准备了一个笔记本，把自己在主持中存在的问题一一记录下来，哪怕是最细微的毛病都不放过。然后，他逐条探讨、改正。即使今天他成为中国最具影响力的主持人，他仍未放弃面“本”思过。

其实他和你一样：10年前，他是大学里的“小混混”，由于经常逃课而被老师责备。毕业后，他被分到当地的电信局当小职员。

面对冗杂的机关工作，他感到既劳累又苦恼，后来他果断地辞了职，然后自己创建了网站，从而走向了中国互联网浪潮的尖端。

其实他和你一样：5年前的他是一个防盗系统安装工程师，按他的说法“就是跟修理工差不多的工作”。

“有时候装监视系统要先挖洞，一旦想到歌词就赶快写一下！”当年的他就是这么边干活边写词。

半年时间，他就积累了200多首歌词，他选出100多首装订成册，寄了100份到各大唱片公司。

“我当时估计，除掉柜台小妹、制作助理、宣传人员的莫名其妙，减半再减半地选择性传递，只有 12.5 份会被制作人看到吧，结果被联络的几率只有 1%。”

而就是这 1%给了他希望。1997 年 7 月 7 日凌晨，他正准备去做安装防盗工作，有人打电话给他，那个人叫吴宗宪，同时走运的还有另一个无名小卒——周杰伦。

从他和周杰伦合作的歌没人要，到要曲不要词，慢慢地曲词都要，之后单独邀词，但还会有三四个作者一起写，直到最后指定要他的词，就这样，他写的词才慢慢地被人接受。

那个没有被“两巴掌打死”的人叫周星驰，孺妇皆知的“喜剧之王”；那个面“本”思过的年轻人叫李咏，现已成为央视著名的主持人；丁磊，这个普通的小职员，创办了网易，并成为中国互联网时代的开拓者和领军人物；方文山，周杰伦的御用词作者，他极具中国风特色的歌词，伴着周杰伦的歌声，已经传到了千里之外。

几年前寂寂无声的四个人，现在已经成为中国最具知名度的成功人士。

但，几年前，其实他和你一样，只是个普普通通的人。

不要抱怨贫富不均，生不逢时，不要借口机会不等，伯乐难求。每个人都平等地享有出人头地的机会，只看你有没有去把握。

其实我们都一样，都有过苦难，有过失败，但这不是最终结果。除非自己投降，没有人能阻止你出人头地。

病秧子总统

有这样一位病恹恹的美国人。

3 岁时，得了严重的猩红热，在医院一躺就是数月，后靠一剂强心针，

勉强摆脱了死神的纠缠。

18岁时，他又染上了一种怪病，住进波士顿的一家医院。在写给朋友的信中，身心俱疲的他流露出了绝望：“也许，明天你就得参加我的葬礼了！”

26岁时，他通过隐瞒病史参加了海军。在与日本人的一场海战中，他所在的军舰不幸被击沉。他最后靠身边的一块木板捡回了一条命，但却落下了更严重的后遗症。

30岁时，他去英国出远差，突发虚脱昏倒在一家旅馆里。当时，英国最高明的医生断言他“最多只能活1年”。

37岁时，他身上多种病症并发，长时间卧床不起。

可就是这样一位从小到大百病缠身、快要接近废人的人，却从平民百姓起步，从工人、军人、作家再到议员，一步一个脚印，在43岁那年，成为美国历史上最年轻的总统，他就是约翰逊·肯尼迪。

很难想像，在公众场合精力充沛、风流倜傥的肯尼迪竟然是个药罐子。而事实的确如此，在他各个发病期的主治医生都见证了这一点。

同时，他的主治医生也见证了肯尼迪各个发病时期孜孜不倦的勤奋：病床上，他的身边随时堆满了书籍和笔记本，35岁那年，他在病床上创作的描写二战的专著《勇敢者》，荣获了当年的普利策奖；即使当了总统之后，有时病得无法办公，他也会躺在疗养室的温水池里阅文件、下指示……

因为疾病，他时刻都能感受到死亡的威胁，这种威胁也让他知道了时间的宝贵。因此，在有限的46年生命中，他废寝忘食、快马加鞭，成为美国历史上最有影响力的总统之一，这真是一个奇迹。

和肯尼迪相比，每一个健康的人都会自惭形秽吧？我们有比他更好的身体条件和更多的时间，还有什么借口去回避困难？

三根琴弦

他生在山民之家，那里根本就没有音乐。

12 岁时，他跟父亲出山，看见一个人在拉小提琴，他的心灵被震撼了。回到家，他自己用木板和铁丝做出了那个形状的东西。

当时，他还不知道那是小提琴，不知道那是音乐，但他认定那是人间最好听的声音。

他每次做出拉琴的样子时，就魂飞高天，就大声吼唱山里的歌。所有人都说他疯了，家里人差点请来神婆用火烧了他的琴。

15 岁，他终于在山外捡来一把小提琴，那是人家扔了不要的，而且没有弦。他一分钱一分钱地攒起来，攒了一年，他终于买来三根弦，安上了。

第四根弦很贵，买一根弦的钱能吃很多天的饭，他是攒不够的，也不忍心，因为家里常常揭不开锅。

三根弦也能拉！他就天天晚上偷偷拉，去河边，去山上，去树林里。他觉得那声音野兽也喜欢，所以野兽不会伤害他。他不知道什么是乐谱，不知道什么是音位，但他硬是能把山歌拉出来，拉得就跟真人唱的一样准。

人们不再说他了，因为，人们都被他拉琴的样子感动了。

1977 年，他就用这把只有三根弦的小提琴，报考了上海音乐学院。

怪琴怪人怪曲子，但他却被录取了。因为主考官流着泪说："他那样子，他那声音，是音乐真正的灵魂！"

之后，他又进了中央音乐学院，有了四根弦的小提琴。他知道了莫扎特、贝多芬，并成了拉小提琴的顶尖好手，他能把所有经典曲子拉出新的灵魂来！

可是，他不满意，因为他无法表现出 12 岁时听到的那种感觉，他不喜欢陈旧的曲子，他认为那些曲子根本就表现不了他的澎湃的激情。

1986 年，他到了美国纽约哥伦比亚大学，攻读博士学位，他要登上文化的巅峰看云天之上的真魂——音乐。

后来，他获得了博士学位，拥有最权威的音乐学识。可这一切，还是不能让他看到他意念中的东西，所有人都在大师们的脚下学习着，满足着，一生都不曾超越，但这不曾超越的东西根本就不是他想要的。

于是，老师教的东西，他全部都要超越，他把所有定论都做出全新的诠释或演变。他走进了美国费城交响乐团指挥台，成为世界上最优秀的音乐指挥家之一。

他就是中国浏阳河边的谭盾。

在最贫穷的时候，那“三弦琴”已经注定了他云天之上的高魂，注定他一生都要不断超越。

如果没有经历过苦难，我们凭什么确知自己的存在呢？唯有经历苦难的磨砺，我们才会懂得实现自己，超越自己。

“我完全能做出健康人的成就”

1876 年，罗伯特·巴拉尼出生于奥匈帝国首都维也纳，他的父母均是犹太人。他年幼时患了骨结核病，由于家庭经济不宽裕，此病无法得到根治，他的膝关节永久性僵硬了。

父母为自己的儿子伤心，巴拉尼当然也痛苦至极，但懂事的巴拉尼，却把痛苦隐藏起来，对父母说：“你们不要为我伤心，我完全能做出一个健康人的成就。”

父母听到儿子这番话，悲喜交集，抱着他不知该说些什么，只是以泪洗面。

巴拉尼从此狠下决心，埋头勤读书，父母交替着每天送接他到学校，一直坚持了十多年，风雨无阻。

巴拉尼没有辜负父母的心血，也没有忘掉自己的誓言，读小学、中学时，他的成绩一直名列前茅。

巴拉尼18岁进入维也纳大学医学院学习，1900年获得了博士学位。大学毕业后，巴拉尼留在维也纳大学耳科诊所工作，做了一名实习医生。

由于巴拉尼工作很努力，在该大学医院工作的著名医生亚当·波利兹对他很赏识，并对他的工作和研究给予热情的指导。

巴拉尼对眼球震颤现象展开了深入研究，经过3年努力，1905年5月，巴拉尼发表了题为《热眼球震颤的观察》的研究论文。

这篇论文引起了医学界的极大关注，标志着耳科“热检验”法的产生。巴拉尼并没有止步，他继续深入研究，并通过实验证明了内耳前庭器与小脑有关，从此奠定了耳科生理学的基础。

1909年，著名耳科医生亚当·波利兹病重，他主持的耳科研究所的事务及在维也纳大学担任耳科医学教学的任务，全部交给巴拉尼。

繁重的工作担子压在巴拉尼肩上，他不辞劳苦，除了出色地完成这些工作外，还继续对自己的专业进行深入研究。

1910～1912年间，他先后发表了《半规管的生理学与病理学》和《前庭器的机能试验》两本著作。由于他工作和科研有突破性的贡献，奥地利皇家授予他爵位。

人生絮语：

只要还拥有一颗健康的心灵，身体上的残缺并不会阻碍一个人的成功。突破障碍，克服一切困难，就一定能成就自己。

王江民学骑车

著名的江民杀毒软件创始人王江民，因小儿麻痹而导致终身残疾，但他凭借自己坚韧的努力缔造了中关村的传奇。

王江民3岁时感染了小儿麻痹症，病愈后一条腿落下了残疾。他说，从

记事的时候开始，他的腿就“已经完了”。他只知道自己下不了楼，一下楼，就从楼顶滚到了楼梯口，他不能和小伙伴一起奔跑、跳跃。

下不了楼的王江民每天只能守在窗口，看大街上熙熙攘攘的人群。寂寞时，拿一张小纸条，一撕两半，将身子探出窗外，一捻，往楼下“放转转”。

在很长的时间里，王江民都有自卑的感觉，觉得自己是社会的弃儿。他拖着那条不灵便的腿，经常被人欺负，上小学一年级的时候，那条不方便的腿又被人骑自行车压断了一次。

通过读书他对人生有了崭新的认识，他迫切地感到要增强自己的意志力，适应社会，适应环境，征服人生道路上的坎坷与磨难。而要想做到这些，首先就要战胜自己。

可是，王江民走出的人生第一步却异常沉重。

当时自行车是唯一的出行交通工具，会骑自行车也是成功的标志。于是，王江民把自己的第一步，就确定为要像正常人一样，学会骑自行车。

可因为他的腿没劲，站不稳，站、走都需要支撑物，这样上车时就站不住。他就先不学上车，而是先把自行车放稳后先爬上去，然后身体向前用力，自行车就开始向前走。

可是刚开始脚没有跟上踏起来，另一只脚踏脚踏板又没劲，自行车倒了，他摔了下来，脚站不稳，就连车和人一起重重地摔倒地上。

好不容易能够骑着走了，下车又成了问题。刚开始学下车时，有一次他忘了刹车，车速非常快，他摔下去手又不知道放开，自行车就拖着他在地上走。为此他半边身体都被水泥地擦破了，鲜血直流。

有人说：“算了吧。何苦这样折磨自己呢?”可他偏不。爬起来，身上的血也不擦，继续练下去。

在无数次摔倒之后，王江民终于征服了那辆看似无法驾驭的自行车。他终于可以和正常人一样，骑车外出了。那一刻，他感觉到，残疾不能阻挡自己的理想，只要努力，自己一定能成功。

王江民一辈子没有上过大学，在 38 岁后才开始学习电脑，却开发出了中国首款专业杀毒软件，2003 年，他因此跻身“中国 IT 富豪榜 50 强”，并被授予“全国青年自学成才标兵”、“新长征突击手”等称号。

人生絮语：

困难最能磨砺一个人的意志，王江民一个腿部残疾的人都能骑好自行车，我们健康的人为何就不能相信自己会成功呢?!

跨越困境，相信一切皆有可能。

丢进垃圾桶的畅销恐怖小说

一位熨衣工人住在拖车房屋中，周薪 60 元。他的妻子上夜班，不过即使夫妻俩都工作，赚到的钱也只能勉强糊口。

这位工人希望成为作家，晚上和周末他都不停地写作，他把剩余的钱全部用来付邮费，寄原稿给出版商和经纪人。

他的作品全被退回来了，退稿信很简短，非常公式化，他甚至不确定出版商和经纪人究竟有没有真的看过他的作品。

一天，他读到一部小说，令他记起了自己的某本作品，他把作品的原稿寄给那部小说的出版商，他们把原稿交给了编辑皮尔・汤姆森。

几个星期后，他收到汤姆森的一封热诚亲切的回信，说原稿的瑕疵太多，不过汤姆森的确相信他有成为作家的希望，并鼓励他再试试看。

在此后的 18 个月里，他再给编辑寄去两份原稿，但都被退了回来。

他开始试写第四部小说，不过由于生活逼人，经济上捉襟见肘，他想放弃了。

一天夜里，他心情烦躁，一气之下把原稿扔进了垃圾桶。

第二天，他的妻子把原稿捡了回来。

“你不应该半途而废，”她告诉丈夫，“特别在你快要成功的时候。”

他看着那些稿纸发愣，他已经不相信自己了，但他妻子却相信他会成功，一位从未见过面的编辑也相信他会成功。因此，他咬咬牙，又开始写作，并坚持每天都写 1500 字。

写完后，他把小说寄给了汤姆森，不过他并没有对此抱什么希望。

然而，这本小说却红了！汤姆森的出版公司预付了 2500 美元给他，史蒂芬·金——这个生活困窘的男人，他的经典恐怖小说《嘉莉》诞生了。这本小说后来销了 500 万册并摄制成电影，成为 1976 年美国最卖座的电影之一。

没有谁能随随便便成功，不管路途多么崎岖，都要坚持下去，半途而废只会让梦想越来越远。

倔强的惠特曼

1842 年 3 月，在百老汇的社会图书馆里，著名作家爱默生的演讲让年轻的惠特曼激动万分："谁说我们美国没有自己的诗篇呢？我们的诗人文豪就在这儿呢！……"

这位身材高大的当代大文豪的一席慷慨激昂、振奋人心的讲话使台下的惠特曼激动不已，热血在他的胸中沸腾，他浑身升腾起一股力量和无比坚定的信念，他发誓，自己要深入各个领域、各个阶层、各种生活方式。他要倾听大地的、人民的、民族的心声，去创作新的不同凡响的诗篇。

1854 年，惠特曼的《草叶集》问世了。这本诗集热情奔放，冲破了传统格律的束缚，用新的形式表达了民主思想，对美国和欧洲诗歌的发展起了巨大的影响。

《草叶集》的出版使爱默生激动不已。"诞生了！国人期待已久的美国诗人在眼前诞生了!"他给予这些诗以极高的评价，称这些诗是"属于美国的诗"，"是奇妙的"、"有着无法形容的魔力"，"有可怕的眼睛和水牛的精神"。

《草叶集》受到爱默生这样很有声誉的作家的褒扬，使得一些本来把它评价得一无是处的报刊马上换了口气，温和了起来。

但惠特曼那创新的写法，不押韵的格式，新颖的思想内容，并非很容易就被大众所接受，他的《草叶集》并未因爱默生的赞扬而畅销。

然而，惠特曼却从爱默生的赞扬中获取了信心和勇气，1855年底，《草叶集》第二版面市，在第二版中他又加进了二十首新诗。

1860年，当惠特曼决定印第三版《草叶集》，并将补进些新作时，爱默生竭力劝阻惠特曼取消其中几首刻画“性”的诗歌，否则第三版将不会畅销。

惠特曼却不以为然地对爱默生说：“那么删后还会是这么好的书么？”

爱默生反驳说：“我没说‘还’是本好书，我说删了就是本好书！”

执著的惠特曼仍是不肯让步，他对爱默生表示：“在我灵魂深处，我的意念是不服从任何的束缚，而是走自己的路。《草叶集》是不会被删改的，任由它自己繁荣和枯萎吧！世上最脏的书就是被删灭过的书，删减意味着道歉、投降……”

不久，第三版《草叶集》出版并获得了巨大的成功，它跨越国界，传到英格兰，传向了世界各地。

人生絮语：

成功的路上，不怕有万人阻挡，就怕你自己投降。只要消除了自卑感，坚持自己的想法，就能克服一切障碍，赢得最后的胜利。

成功以后再抱怨

约翰·艾顿是著名的汽车制造商。在一次聚会上，艾顿见到了自己的老朋友——英国首相丘吉尔，俩人就聊了起来。在聊天中，丘吉尔第一次听说了艾顿的过去。

艾顿出生在一个偏远的小镇，父母早逝。姐姐靠帮人洗衣服、干家务来

换取微薄的收入，用这些钱将他抚育成人。但是，姐姐出嫁后，姐夫将他撵到了舅舅家。他的舅妈十分刻薄，在他读书时，规定他每天只能吃一顿饭，还得收拾马厩和剪草坪。

刚工作的时候，他给别人当学徒，当时他根本租不起房子，有将近一年多时间是躲在郊外一处废旧的仓库里睡觉。

听到这里，丘吉尔惊讶地问："以前怎么没有听你说过这些?"

艾顿笑道："有什么好说的呢？正处于逆境或正在摆脱逆境的人是没有权利抱怨的。"

艾顿又说道："要将逆境中的苦难变成财富是有条件的。这个条件就是：你战胜了苦难并远离苦难。只有这样，才能使得逆境中的苦难，变成成功的资本。"

丘吉尔连连点头。

艾顿继续说道："当你成功了以后，你跟别人讲起你的逆境，别人就不觉得你是在抱怨。他们反而会觉得你是意志坚强、值得敬重的人。如果，你在逆境中向人讲起这些，别人一定认为你是在博得怜悯、向人乞讨。"

艾顿的一席话，使丘吉尔触动很大。丘吉尔在自传中这样写道："逆境，是财富还是屈辱？当你摆脱了逆境时，它就是你的财富；可当逆境打垮了你时，它就是你的屈辱。"

请你牢记：困境是你成功的先决条件。

如果你也想同艾顿一样，让逆境不再成为你的屈辱，最大的先决条件就是：坚强面对，摆脱逆境！如果你做到了，眼前的困境都会成为你将来成功的资本。

矿难发生了

这是发生在非洲的一个真实的故事，6 名矿工在很深的矿井下采煤，突然矿井倒塌，出口被堵住，矿工们顿时与外界隔绝。

这种事故在当地并不少见，凭借经验，他们意识到自己面临的最大问题是缺乏氧气，井下的空气最多还能让他们生存 3 个半小时。

6 人当中只有一人有手表，于是大家商定，由戴表的人每半小时通报一次。当第一个半小时过去的时候，戴表的矿工轻描淡写地说："过了半小时了。"但是他的心里却是异常地紧张和焦虑，因为这是在向大家通报死亡线的临近。

这时他突然灵机一动，决定不让大家死得那么痛苦。第二个半小时到了，他没有出声，又过了一刻钟，他打起精神说："一个小时了。"其实时间已经过了 75 分钟。

又过了一个小时，戴表的矿工才第三次通报所谓的"半小时"。同伴们都以为时间只过了 90 分钟，只有他知道，135 分钟已经过去了。

事故发生四个半小时后，救援人员终于进来了，令他们感到惊异的是，6 人中竟有 5 人还活着，只有一个人窒息而死——他就是那个戴表的矿工。

由于幸存者意识模糊，人们无法知道那位牺牲者是何时停止报时的，但他给了同伴求生的希望，自己却因为知道真相而没能坚持到底。

人生絮语：

"我不去想是否能成功，既然选择了远方，便只顾风雨兼程。"在遭遇挫折，坚持不下去的时候，信念是唯一支撑我们前行的力量。

关上身后的门

他是一个私生子，因为父亲作为一个占卜师无法养活他，母亲不得不嫁给已经有了十一个孩子的男人。十一个孩子加上他，继父的境况可想而知，他的童年，泪水远多于欢笑。

十一岁的时候，他就开始外出打零工，十四岁的时候，他到一家罐头厂做童工，每天工作长达十个小时，仅仅能得到一美元。

不久，他想方设法借了一些钱，买了一条小船，参加偷袭私人牡蛎场的队伍，结果被渔场巡逻队抓获，罚做苦力。

出来以后，他决定去远东当水手，结果境况并未好转。十八岁的时候，他又参加了失业者组织向华盛顿出发，最后，因为这次行动的领导在华盛顿以“践踏国会草坪”被捕，于是，他又过起了流浪的生活，监狱、警察局几乎成了他的家。

尽管如此，他对生活并没有丧失信心，他始终相信，自己能亲手推开生活紧闭的门扉。流浪中，他强烈地追求知识，不甘于自暴自弃，即使在漂泊不定的困境，他总会用书本慰藉贫瘠的心灵。

在他二十岁那年，他考进了加州大学。然而，大学的门毕竟不会向他这样穷困潦倒的人敞开，一年后，他被迫退学，同姐夫一起去了阿拉斯加淘金。

但是，他的“黄金梦”又很快破灭了，他染上一身重病回到家里。

躺在床上，他萌发了写作的愿望。这时，他丰富的生活经历，铸就了他的第一篇小说——《给猎人》。

第一篇小说发表之后，他一发不可收拾，两年后，他出版了第一个短篇小说集《狼之子》。至此，这个和生活拼搏了二十多个年头的年轻人，终于为自己打开了生活的一扇小门。

到他三十三岁的时候，他写出了自己的代表作《马丁·伊登》。这本带有自传色彩的小说，写的是主人公伊登依靠个人奋斗功成名就的故事，但是成名之后的他得到不是欢乐，而是可怕的空虚，结果不得不以自杀的方式了结一生。

这本书的作者，在美国现代文学史上占有一席之地，他就是“世界四大短篇小说大师”之一的杰克·伦敦。

成名的杰克赚到了很多的钱，他甚至公开声明，他写作的目的就是为了钱。他曾用一大笔钱建造一条名为“斯纳克”的游船；还用了十万美元建造一所名叫“娘居”的别墅，在落成后即将迁居的时候，别墅却忽然起火焚毁。

面对灾难，这位已经侧身上流社会的大作家并没有警醒，看着十万美元化成的废墟，只是轻轻地摆了摆手，宣布另建一个庄园。

这时的杰克·伦敦，为了得到更多的钱，粗制滥造地写出了许多背离信念的低劣之作，沉沦到了极端个人主义深渊。到他四十岁时，他也像他代表作中的主人公一样，用自杀的方式结束了自己年轻的生命。

人生絮语：

杰克·伦敦短暂的一生，像一部生动的人生教材，他告诉那些在困境中挣扎的人们：推开面前的门固然重要，但关上身后的门更为重要。

我们在得到想要的东西之后，更应该清楚，必须把什么东西义无反顾地关在门外。只有这样，你才能够不回到以前的困境，将成功一直留在身边。

第7章

换个角度看问题

著名的国画画家俞仲林擅长画牡丹，一次，有人慕名而来买了一幅他亲手所画的牡丹，回去之后很高兴地挂在客厅里。

此人的朋友看见了，大呼不吉利。

“这幅画没有画完，缺了一部分，而牡丹代表富贵，缺了一角，岂不是‘富贵不全’吗?”朋友说。

此人非常气愤，拿回去要求俞仲林重画一幅。

俞仲林听了灵机一动说：“牡丹代表富贵，缺了一角，不就是‘富贵无边’了吗?”

※　　※　　※

同一件事情，因角度的不同，而产生不同的认知。换个角度看问题，凡事都会出现转机。

林妹妹的忧伤

她一共演了两部戏，但人们只记得她演的角色，却很少有人知道她的名字。

她演的这两部戏，一部叫《红楼梦》，一部叫《家春秋》。她就是那个“林妹妹”，她就是那个“梅表姐”。

《红楼梦》的“火”，至今想来，仍然难以想象，这么长的电视剧，在全国各地的电视台重播了700多次，她演的“林妹妹”从此家喻户晓。

从此，她就难以超脱“林妹妹”这个角色了，即使在第二部戏《家春秋》中，她十分投入想演好那个“梅表姐”，但在观众的眼里，她仍然是“林妹妹”。

她遭遇了“最好”，她的那个“凄凄惨惨”、“柳眉紧锁”的林黛玉形象就好像是为她量身定做的。她削弱的身材、恬淡的心境、难以改变的气质，注定她戏路的局限性。那种叫“忧郁”的情绪，只有“林妹妹”才可能有，而她偏偏演了“林妹妹”。

这是她的幸运，也是她的不幸。幸运的是，当年一个20多岁的女孩只演了一个角色就红了；不幸的是，她想从此走入演艺圈，却突然发现自己成了“林妹妹”。

她的起点太高，高得无法再接受其他的戏，她说她仍然是幸运的，因为有的女孩子奋斗了一辈子，也没有接到一个最好的角色。

但真是如此吗？

她的演艺生涯在演完《红楼梦》就结束了，她出过国，试图改变自己的生活。她是一家广告公司的董事长，她不懂广告，也不懂和客户谈判，在客户的眼里，她不是一个商人，而是“林妹妹”。

她曾经说：“我的心理年龄已经100岁了，我希望现在就过老年人的生活，希望过我爸爸妈妈的生活。”

可是，她青春仍在，靓丽如初，她的心境让人觉得不可思议。

她就是陈晓旭，人们眼中永远的“林妹妹”。

很多人认为她是幸运的，却看不到幸运背后的不幸。人生本来像爬坡，有上坡，有最高点，还有下坡。可是她，却一下子来到了最高点，得到了自己想要的一切，接下来去面对长长的下坡路时，就难了数倍。

人生絮语：

在人生的道路上，都会遭遇漫长的、令人叫苦不迭的上坡路，但这未尝不是一件好事。爬坡的过程可能困难重重，但换个角度考虑，正是经历过这种艰辛，人们才懂得如何取舍，如何顺利地下坡。

地中海为什么是蓝色的

1921年，印度科学家拉曼在英国皇家学会上作了声学与光学的研究报告，取道地中海乘船回国。甲板上漫步的人群中，一对印度母子的对话引起了拉曼的注意。

“妈妈，这个大海叫什么名字？”

“地中海！”

“为什么叫地中海？”

“因为它夹在欧亚大陆和非洲大陆之间。”

“那它为什么是蓝色的？”

年轻的母亲一时语塞，求助的目光正好遇上了在一旁饶有兴味倾听他们谈话的拉曼。拉曼告诉男孩：“海水所以呈蓝色，是因为它反射了天空的颜色。”

在此之前，几乎所有的人都认可这一解释，它出自英国物理学家瑞利勋爵，这位以发现惰性气体而闻名于世的大科学家，曾用太阳光被大气分子散射的理论解释过天空的颜色，并由此推断，海水的蓝色是反射了天空的颜色所致。

但不知为什么，在告别了那一对母子之后，拉曼总对自己的解释心存疑惑，那个充满好奇心的稚童，那双求知的大眼睛，那些源源不断涌现出来的“为什么”，使拉曼深感愧疚。

作为一名训练有素的科学家，他发现自己在不知不觉中丧失了男孩那种到所有的“已知”中去追求“未知”的好奇心，不禁为之一震！

拉曼回到加尔各答后，马上行动起来，他立即着手研究海水为什么是蓝的，发现瑞利的解释实验证据不足，令人难以信服，决心重新进行研究。

他从光线散射与水分子相互作用入手，运用爱因斯坦等人的涨落理论，获得了光线穿过净水、冰块及其他材料时散射现象的充分数据，证明了水分子对光线的散射是使海水显出蓝色的原因，这与大气分子散射太阳光机理完全相同。

进而，拉曼又在固体、液体和气体中，分别发现了一种普遍存在的光散射效应。

这种光散射效应被人们统称为“拉曼效应”，为 20 世纪初科学界最终接受光的粒子性学说提供了有力的证据。

1930 年，地中海轮船上那个男孩的问题，把拉曼领上了诺贝尔物理学奖的奖台，成为印度也是亚洲历史上第一个获得此项殊荣的科学家。

就是小男孩的这样一个小问题，就能引领拉曼走向了诺贝尔领奖台。这正是因为拉曼在“通常”的问题下，换了个特别的角度思考，所以，他才能够成功。

福特的半杯水

亨利·福特被美国人称为“汽车之父”，1913 年他率先采用流水线组装汽车，第一次实现了 10 秒钟组装一部汽车的神话。

几年后，民用汽车的价格降低了一半，小轿车不再是富豪的专属，福特的思想对全世界的制造业也产生了极大的影响。今天，大到一架飞机，小到一包糖果，都可以在流水线上生产。

福特汽车公司初具规模后，有一次，福特在高层会议中建议改进现有的装配线，从而提高生产效率。

这个提议遭到很多人反对：有人觉得若想改进装配线，就要投资购买机器，还得重新培训工人，风险太大了；另一部分人则认为公司的生产能力已经够强，效益也很好，没必要花力气去提高效率。

听完大家的意见，福特举起桌上的玻璃杯问："你们看到了什么？"有人悲观地说："半杯水被喝了，杯子空了一半。"

"别担心。"有人乐观地说，"杯子里还有一半水，渴了还有半杯水可喝。"

"和你们不同，我看到杯子容积是水的2倍。"福特说。

"这里的水用个一半大小的杯子就能盛下，用一只大杯子做一只小杯子能做到的事，是对资源的浪费，是低效率。现在生产线上的员工们就像这个大杯子，有一半的潜力没发挥出来。我要做的是换个小杯子，然后我们就可以用大杯子来盛更多、更好的东西了！"

之后，福特公司改进了生产线，进一步提高了流水线效率，企业也进入了高速发展的快车道。

人生絮语：

人生何尝不是如此呢？如果环境给你一只大杯子，请不要只用它来装半杯水；如果你的天赋是只大杯子，请不要把它当小杯子来用。充分利用生活所赋予的一切，才能更深地挖掘出自己的潜力。

尿布和啤酒

一家著名的大型超级市场曾经做过一个令人疑惑不解的决定——顾客们发现，在货架上，尿布和啤酒竟然摆在一起，这在所有超市里都是不曾有过的摆法。但是这个完全不合常理的奇怪举措却没有影响两种商品的销售，相反，尿布和啤酒的销量双双增加了。

这不是一个笑话，而是真实地发生在美国沃尔玛连锁超市的真实事件，并且，这个创意至今为众多商家所津津乐道。

原来，美国的太太经常嘱咐她们的丈夫，下班以后要去超市为孩子买尿布，而丈夫们购物总是行色匆匆，不可能仔仔细细地在商场里逛上一圈儿。如果尿布同啤酒摆放在一块儿，男士们在买完尿布以后，就可以顺手带回自己爱喝的啤酒了。有了这样的购物经历，他们就很乐意光临沃尔玛。

沃尔玛超市之所以能够发现这对神奇组合的，是因为他们花了大力气对一年多的原始交易数据进行了详细分析。

商战，关键在于出奇制胜，而这种独特的商业思维，则是源自于对现实问题的多角度思考。换个角度看问题，生活原来可以更美的。

风景就在拐弯处

她在音乐方面独具的天赋和他人难以企及的家学，似乎没有人能够轻易地否认。

小时候素有“神童”之誉的她，从小就跟着当小学音乐教师的母亲弹钢琴，4岁时就开了第一个独奏音乐会。不但学习成绩极其出色，跳了两次级，而且还把网球和花样滑冰玩得特别出色。

16岁时，她进入丹佛大学音乐学院学习钢琴，她梦想成为职业钢琴家。大家都相信，过不了几年她就会成为乐坛上的一朵奇葩。

可是，出人意料地是她打起了“退堂鼓”，开始了崭新梦想的破冰之旅。原来在著名的阿斯本音乐节上，她受到了打击。

“我碰到了一些11岁的孩子们，他们只看一眼就能演奏那些我要练一年才能弹好的曲子。”她说。

“我想我不可能有在卡内基大厅演奏的那一天了。”于是，她开始重新设计自己的未来并发现了新的目标——国际政治。

“这一课程拨动了我的心弦，我无法解释这种感觉，但它的确吸引着我。”她从此转而学习政治学和俄语，并找到了她一生追求的事业。

这个美国女孩名叫康多莉扎·赖斯，布什内阁的美国国务卿，被媒体称为华盛顿“最有权力的女人”。

还有一个人，他也有着和赖斯一样的经历。

他是个农民，但他从小的理想就是当作家。为此，他一如既往地努力着，十年来，坚持每天写作500字。每写完一篇，他都改了又改，精心地加工润色，然后充满希望地寄往各地的报纸杂志。

遗憾的是，尽管他很用功，可他从来没有一篇文章得以发表，甚至连一封退稿信都没有收到过。

29岁那年，他总算收到了一封退稿信。那是一个他多年来一直坚持投稿的刊物的编辑寄来的，信里写道：“看得出你是一个很努力的青年，但我不得不遗憾地告诉你，你的知识面过于狭窄，生活经历也显得过于苍白。但我从你多年的来稿中发现，你的钢笔字写得越来越好……”

就是这封退稿信，使他摆脱了困惑，他毅然放弃写作，而练起了钢笔书法。

由于有十多年誊写稿件练就的钢笔字功底，加上他刻苦好学的精神，仅仅不到两年，他的硬笔书法就有了长足发展，他的参赛作品多次在国内获奖，不但成为中国硬笔书法家协会会员，而且作品也在亚洲十几个国家进行了巡展，他也因此成为了享誉全国的硬笔书法家。

他就是现代著名的硬笔书法家张文举。

人生絮语：

一个人要想成功，理想、勇气、毅力固然重要，但更重要的是，人生路上要懂得转弯。

人最可贵的不是发现自己的优点，而是能够精确地发现自己的缺点并使之消弭于无，不让它成为人生的障碍。

懂得转弯，最美的风景往往就在拐弯处。

成功学大师离不开的秘书

成功学的创始人拿破仑·希尔曾经聘用了一位年轻的小姐当助手，替他拆阅、分类及回复他的大部分私人信件，她的主要工作就是听拿破仑·希尔口述，记录信的内容。

有一天，拿破仑·希尔口述了下面这句格言："记住，你唯一的限制就是你自己脑海中所设立的那个限制。"

当她把打好的信件交还给拿破仑·希尔时，她说："你的格言使我得到了启示，对你、我都很有价值。"

对此，拿破仑·希尔并没有怎么在意，但对女助手就不一样了，从那天起，她把这句格言深深地刻在了自己的心里，并付诸行动。

她开始比一般的速记员提早来到办公室，而且在用完晚餐后又回到办公室，从事不是她分内而且也没有报酬的工作。

她开始研究拿破仑·希尔的写作风格，不等口述，直接把写好的回信送到拿破仑·希尔的办公室来。由于她的用心，这些信回复得跟拿破仑·希尔自己写的一模一样，有时甚至比他本人写的还要好。

她一直保持着这个习惯，直到拿破仑·希尔的私人秘书辞职为止。当拿破仑·希尔开始找人来补这位男秘书的空缺时，他很自然地想到这位小姐。

实际上，在拿破仑·希尔还未正式给她这项职位之前，她已经主动地接受了这项职位。

这位年轻小姐的办事效率太高了，因此也引起了其他人的注意，很多更好的职位对她虚位以待。

对这件事拿破仑·希尔实在是束手无策，因为年轻小姐使自己变得极有价值，拿破仑·希尔已经离不开她了。

这位年轻小姐的价值不止在于她出色的工作，她的进取心和愉快的精神也感染着公司里的每一个人，让公司的工作气氛非常和谐。

因此，拿破仑·希尔不能冒失去她做自己的帮手的风险，不得不多次提高她的薪水，她的佣金达到她刚到公司当速记员时的四倍。

人生絮语：

很多人会有这种感觉，在自己生活的地方，在自己熟识的领域，在自己熟识的人身边很难发现有价值的东西。因为熟悉，就难以看到伟大的光环，这就在无形中失去了好多让自己受益的资源和发展的时机。

其实，这个世界上并不缺少风景，缺少的只是发现的眼睛和体味风景的心情，变换一下看问题的角度，你就会在熟悉的地方发现崭新的风景，找到自己成功的突破口。

挑刺的老太太

在一个小小的同学聚会上，有位漂亮女孩在喋喋不休地诉说她东家的不是。女孩说，那东家是个死板的法国老太太，经常指责她这里做得不对，那里又做得不对；跟她聊天，又说她的法语发音不对。

漂亮女孩说的那位法国老太太，是个肥胖又行动不便的老人。

这位老太太的女儿在上海的一家公司工作，老太太的女儿为了照顾她，

把她从法国接到了上海，然后雇了能讲法语的女大学生作为保姆。但许多女大学生都在这位苛刻的法国老太太面前败下阵来，有的不辞而别，有的不能忍受老太太的指责，索性与她争执。

正在漂亮女孩义愤填膺的时候，有个胖女孩凑上来，轻声问她："那你是不是不愿意再做下去了，如果你辞职，能否把照顾那位法国老太太的工作让给我。"

漂亮女孩一听，说："那好啊，我正求之不得呢。"

后来，胖女孩成为那位法国老太太的护工。漂亮女孩说："她肯定要受这待人苛刻的老太太的气。"

但谁也没有想到，胖女孩成为老太太的护工后，短短几个月，她和老太太相处得非常好，更让人不可思议的是，这位老太太还动员她在法国的社会关系，让胖女孩到法国去深造。

不久，胖女孩获得了法国一所大学的正式邀请，还获得一笔学习资金。来年春天，她就可以赴法国学习了。

许多人都觉得非常奇怪。胖女孩解释说："老太太的确很苛刻，我去照顾她的第一个月，她经常批评我这里不对，那里不对。譬如你的走路姿势不对，坐姿不对，眼神不对……"

"有一次，我帮她取一块萨其马，我是用手直接取给她的，老太太突然大怒，她斥责我没有教养，说应该把萨其马放在碟子上给她。当时，我眼泪差点儿下来了。真的想辞职。但事后，我觉得，用手直接取食物给她，的确不太妥当。"

胖女孩是个不服气的人，她觉得老太太的批评真的太没道理，太刻薄了。但是，当她审视自己时，却脸红了。

老太太批评她走路姿势不对，她回家对着镜子看，果然发现她走路时有轻微的跳动；当老太太说她坐姿不对，她下意识地观察自己的坐姿，发现自己坐下时，双腿没有合拢，真的很不雅观；当老太太说她眼神不对，她偷偷对着镜子观察时，她看人的时候，有一点点的斜视……

原来，老太太说的一切全是对的，只不过，为了维护自尊心，她在心里排斥批评。

后来，胖女孩还知道了老太太的一些身世，她出生在里昂城一个贵族家庭，从小就接受了上层社会的良好教育，是那种处事极有条理，生活极其精致的人。

自从她知道自己的缺点后，她对老太太刻薄的批评有了全新的理解。老太太所批评的，正是自己的缺点，既然如此，那么为什么不能改变呢？

此后，每当老太太提出批评时，胖女孩开始认真去想，自己到底对不对？如果不对，她就努力去改正。她还阅读了大量的资料，了解法国人的一些生活习俗和禁忌。

在老太太生日那天，胖女孩花了几个小时为老太太做了一道法国传统菜——烤牛排。当胖女孩捧着香喷喷的烤牛排，祝她生日快乐时，老太太突然流泪了。

老太太说："我的外甥女也曾经这样为我做过烤牛排，你和我的外甥女一样漂亮，一样可爱。"

那一刻，胖女孩感动极了，差一点儿落泪。因为她照顾了老太太那么长时间，老太太还是第一次这样肯定她，而且把她与自己心爱的外甥女相提并论。

慢慢地老太太开始很少批评她，她经常坐在客厅里，听老太太讲自己的一些故事，有时候，她会插上几句。听到开心处，一老一小，会发出会心的笑声。

有一次，老太太的女儿带着欣赏的眼神，看着胖女孩，由衷地说："你真优雅，很迷人。"

胖女孩真的变了，她的神态变得安静了，她的气质变得优雅了，还有她的法语口语发音，她说话的神态，她的眼神……

人生絮语：

人就像一株含羞草，一遇上外界的小小侵犯，就会把自己重重保护起来。其实，如果换一种角度，换一种思维去理解，这刻薄但又精致的老太太不就是一位生活指导师吗？

何不把电梯装在楼外

多年前，有一家酒店的电梯不够用，打算再增加一部，酒店请来了建筑师和设计师研究如何增设新的电梯。专家们一致认为，最好的办法是在每层楼打个大洞，直接安装新电梯。

方案定下来后，两位专家坐在酒店前厅谈工程计划，他们的谈话被一位正在扫地的清洁工听到了。清洁工对他们说："每层楼打个大洞，不仅会把大楼弄得尘土飞扬，乱七八糟，而且还会破坏楼面。"

工程师白了清洁工一眼，说："那是难免的。"

清洁工又说："与其这样，不如把电梯装在大楼的外面。"

工程师和建筑师听了这话，相视片刻，不约而同地为清洁工的这一想法叫绝。

于是，便有了近代建筑史上的伟大变革——把电梯装在楼外。

人生絮语：

人们总是习惯于把创新想得很神秘、很复杂，并因此限制了自己的思维。其实，伟大的创新往往来自于那些最简单、最容易被忽略的小事上。

因此，不要总执着于复杂的创新，换个角度，去发掘那些最简单的创新，就是最好的创新。

盘子要洗 7 遍

某大学教授在讲台上滔滔不绝地讲 WTO 条款，台下的学生却昏昏欲睡。为了赶跑瞌睡，教授拿出他惯用的一招：给大家讲故事。

一个在日本的中国留学生，课余时间为日本餐馆洗盘子以赚取学费。日本的餐饮业有个不成文的规定，即餐馆的盘子必须用水冲洗 7 遍。

洗盘子的工作是按件计酬的，这位留学生计上心头，洗盘子时少洗一两遍。

果然，劳动效益便大大提高，工钱自然也迅速增加。一起洗盘子的日本学生向他请教技巧。他毫不隐讳地说："你看，洗了 7 遍的盘子和洗了 5 遍的盘子有什么区别？少洗一两次嘛。"

日本学生默默地点点头，却和他渐渐疏远了。

餐馆老板偶尔抽查盘子的清洗情况，一次抽查中，老板用专用的试纸测出盘子的清洗程度不够，并责问这位留学生时，他振振有词："洗 5 遍和洗 7 遍不是一样保持盘子的清洁吗？"

老板只是淡淡地说："你是一个不诚实的人，请你离开。"

为了生计，他又到其他餐馆应聘洗盘子，但再也没有老板用他。

他屡屡碰壁，不仅如此，他的房东要他退房，原因是，他的名声对其他住户（多半是留学生）的工作产生不良影响。他就读的学校也找他谈话要他转学，因为怕他影响了学校的生源……

万般无奈，他只好收拾行囊，搬到另一所城市，一切从头开始。

他痛心疾首地告诫同伴和将要去日本的留学生："在日本洗盘子，一定要洗 7 遍呀！"

"这就是 WTO 规则！"教授最后说，同学们震撼不已，睡意全无。

有时候，我们会埋怨社会上无处不在的规则约束着我们，让我们很不自在。这些不成文的规定可有可无，放在那里似乎是故意和人过不去。事实真的是这样的吗？

“这就是 WTO 规则！”教授的话一语中的。其实，很多事情就跟盘子要洗 7 遍一样，表面看来是一种小规则，可当你换个角度看问题的时候，你就会发现，在它背后还隐藏着大规则。遵守小规则，你才能够在大规则下生存。

淡化你的优势

央视《挑战主持人》节目进入到 16 选 10 环节的第 7 场比赛时，有 4 位选手参与了角逐。一轮比赛以后，一个女孩被淘汰出局。

剩下的三位选手中有位女孩的身材特别高，然而美中不足的是，站姿不是很舒展，给人一种非常拘谨的感觉。

名额越来越少，竞争也越来越激烈。第二轮的比赛选手要分别以央视的节目主持人阿丘为嘉宾制作一期访谈节目，前两位选手的从容发挥已赢得了观众阵阵热烈的掌声，最后一位出场的是那位高个子女孩。

高个子女孩努力平静了一下情绪后，出人意料地与个头不高的阿丘讨论起身高：“谈论这个话题的时候，其实心中是很犹豫的，观众都能看得出来，我身材很高，但是观众不一定知道，这么高的一个主持人，特别还是一个女主持人，选搭档是一件挺难的事情。”

“所以，从参加比赛一直到现在，我养成了一个特别不好的习惯，就是一直含着腰，虽然我知道很难看，但是我觉得这样可能会让我降低一些身高，让我与同伴的合作更加和谐……”

节目录制现场忽然变得鸦雀无声，看得出那番话感动了观众与评委，为她深沉而细腻的责任感。人品往往见于微小的细节，她对同伴负责，即是为节目负责，也就是为观众负责。最终，高个子女孩成为了胜利者。

追求成功并不能仅仅依靠天分、机遇和运气，每个人都有自己的优势，但很少有人去思考优势与成功的关系。

高个子女孩没有全力追逐甚至是尽量淡化自己的优势，以自己的主持艺术向我们诠释了成功的另一种哲学：平和与包容。

她的名字叫张宇，年仅 19 岁，一个身高 1.78 米的高个子女孩。

人生絮语：

当命运之神赐予一个人惊艳与超群的优势的时候，也可能颠覆了他获取成功的捷径。

也许在很多时候，你就应该转变角度，淡化自我的优势，尊重他人的感受，才能够寻求到一种双赢的和谐。而只有这样，自己才能如鲜花般在人生的舞台上绽放光华。

奥运“闹剧”

“他从小就是一个爱看热闹的孩子。”身边的人都这么形容他。

一场大雪席卷了美国的伊利诺斯州，一个美术老师对学生说：“今天的作业就是画一幅雪景。”

孩子们纷纷拿起画笔跑向室外，边画画边玩耍，场面非常热闹。只有一个学生例外，他静静地趴在窗前，好奇的老师走到他的身后，发现他正在画那些在雪地里画雪的同学。

他叫尤伯罗斯，小学毕业时，老师给他的评价是：一个不喜欢热闹、不爱当主角的学生。尤伯罗斯自己却说，我喜欢看热闹。

大学毕业后，尤伯罗斯创建了旅游服务公司。当时，美国的服务业竞争异常激烈，诸多商家为了赢得生存空间，不惜通过价格战互相厮杀。尤伯罗

斯坚持冷眼旁观，绝不参与，即使在公司最不景气的时候，他仍旧坚持不打价格战，只是在服务质量上下工夫。

他保留了喜欢看热闹的习惯，当同行争斗得两败俱伤之时，才果断出手，一举兼并了许多负债累累的小企业。40 岁以前，尤伯罗斯已拥有个人资产 100 多万，跻身百万富翁的行列，成为北美第二大旅游公司的老板。

然而，真正让尤伯罗斯蜚声全球的，并不是他在旅游业的崛起，而是他亲自导演的一场奥运“闹剧”。

1978 年，美国洛杉矶获得了 1984 年奥运会的举办权，尤伯罗斯当选为奥组委主席。许多人都为他捏了一把汗，因为之前的历史经验表明，举办奥运会对一个国家来说，既是一种荣耀，也是一场劳民伤财的“战争”。

尤伯罗斯却做出了震惊世界的回答：我不但不用政府 1 分钱，还要为这次奥运会赢利 2 亿美元。

赢利 2 亿美元？尤伯罗斯开什么玩笑？

然而，他并没有理会外界的猜疑，他已经做了精心的策划，一场奥运“闹剧”就要开场了。

首先，尤伯罗斯展开了广泛的调查，发现全世界约有 12000 家企业愿意赞助奥运会，但每家只愿出资几千美元。

他对工作人员说：“继续和他们商谈，我们将提供最好的广告和宣传平台，条件是他必须提高赞助费。”

过了一段时间，工作人员沮丧地汇报：“几乎没有人愿意提高价码。”

尤伯罗斯笑了，说：“看来，气氛太平静了，我要让他们‘热闹’起来。”

于是，尤伯罗斯公开宣布：第一，本次奥运会限定“进场价”400 万美元，低于此价一律免谈；第二，奥运会的赞助商限于 30 家，每个行业最多 1 家。

消息一经传出，全世界的企业都开始骚动了，尤其是那些准备压制竞争对手的企业，更是心急如焚，竞相抬出更高的价码。

而此时，尤伯罗斯又像几十年前那个趴在窗前的少年一样，任凭外面再怎么热闹，他都躲在办公室里，谁也不见，谁的电话也不接，静静地观看别人的表演。

热闹看够了，尤伯罗斯让工作人员递来报价单。

报价单让组委会工作人员大吃一惊：美国通用汽车以900万美元压倒日产汽车，成为汽车业唯一赞助商；可口可乐以1200万美元力压百事可乐，拔得了饮料业的头筹；日本富士公司以700万美元战胜美国柯达，买断了胶卷专卖权……

30家企业陆续凑齐，尤伯罗斯高调露面，爽快地签订了合同。

尤伯罗斯兑现了承诺，为洛杉矶奥运会赚取了2.25亿美金，从此也开创了奥运会赢利的先河，他也被世人称作“奥运商业之父”。

人生絮语：

尤伯罗斯的奥运“闹剧”向我们展示了他极高的商业天赋，也启示我们，在问题面前，换个角度看问题，尝试剑走偏锋，也是解决问题之道。

煤油灯打翻之后

乔利·贝朗出生于巴黎一个贫民家庭，他13岁便独自外出打工。由于年纪小，没有哪个工厂肯聘用他。流浪几年后，他找到一个贵族家庭，在他的苦苦哀求下，妇人让他在厨房里当了一名小杂工。

他每天的工作就是杀鸡、杀鱼、拖地、扫厕所，几乎包揽了全部脏活累活。他一天至少要干12个小时，而所得的工资却少得可怜，但他仍然感到满足。他总是省吃俭用地将辛苦赚来的钱攒起来，养活自己贫困的家。

一天半夜，乔利被一阵急促的敲门声惊醒，原来，妇人第二天一早要去赴一个约会，要乔利立即将她的衣服熨一下。

因为实在太困了，他不小心将煤油灯打翻，灯里的油滴在了妇人的衣服上。

妇人坚决要求乔利赔偿，乔利沮丧极了。最后，在承诺给妇人白打一年工后，留了下来，也得到了那件衣服。

一天，他突然发现那件衣服上被煤油浸过的地方不但没脏，原有的污渍也没有了。经过反复试验，乔利又在煤油里加了一些其他的化学原料……最后，他研制出了干洗剂。

一年后，乔利离开了贵妇人家，自己开了一间干洗店，世界上第一家干洗店就这样诞生了。

乔利的生意越做越大，几年间他便成了世界瞩目的干洗大王。如今，他的干洗店遍布世界的每一个角落，更多的人享受到了干洗剂带来的便利生活。

人生絮语：

抓住生活的细节，变换看问题的角度，生活就会有柳暗花明的一天。

吃错了薯条

一位马上要上飞机的女士饿了，她急匆匆地买了一包薯条和一杯可乐。小店里没有可以单独坐的地方，她选了一个穿着很考究看上去很绅士的男人桌子旁边的空椅子坐下。

可当她开始吃第一根薯条的时候，男人突然恶狠狠地盯着她，像一个猎手盯着他的猎物。然后，令人惊讶的事情发生了：男人的手竟然慢慢地伸进她的薯条袋，掏出一根放到自己的嘴里……

她简直愤怒至极，刚才那个第一眼看上去安详而有教养的中年绅士变成了一个邪恶、粗野、危险的家伙！

他们就这样吃完了一包薯条，直到离开的时候，那位女士的心脏还因恼怒而狂跳不已——自己竟然碰到了一个在餐馆里毫无顾忌地从陌生人盘中取食的无礼之人！

可就在这时，她在手提包里发现了自己的那一袋薯条。原来，匆忙中是她忘了把薯条掏出来，那个无礼之人竟是她自己！

这个故事给我们的启示是：生活中人的心情和情绪的好坏其实只跟我们打量生活的眼神有关。

假如你正在耐心地等公共汽车，突然有个人猛地从后面推了你一把，你会有什么感觉？如果你认为这个人是有意推你，你一定会很气恼，甚至愤怒。但是，当你转过身来，发现那个推你的人戴着墨镜，拄着一根拐杖，在你认定他是个盲人的时候，你肯定对自己最初的愤怒感到尴尬和歉疚。

可假如你把他扶上车，帮他找到座位时，这个人却摘下墨镜，开始读报，你的感觉又将如何？

由此我们会明白，我们对周围所发生的事情的情绪反应，是直接建立在我们对事物如何思考的基础之上，当你的思维模式发生变化时，心情也就随之发生变化。我们的愤怒和狂躁，甚至难以自控的歇斯底里，很多时候源于不明晰、不合逻辑和方向错误的思维模式。

其实生活中的很多时候，你就是那个赶飞机的女士，你的恼怒、狂躁甚至失控仅仅是因为你错误地把自己放在了被人故意侵犯的受害者的地位上，而且，比那位女士还不幸的是，你一直没有机会发现那包在你提包里的薯条，无从意识到原本是你的一场误判。

遇到让你愤怒的事情时，先想想这个可笑的吃错薯条的故事吧。在情绪难以自控的时候，先摸摸自己的手提包，看看那袋薯条是不是在自己这里，那个作恶的人是不是你自己。

另外，就算对方真是那个从你的薯条袋里取食物的人，也不要轻易就判定他是恶意冒犯，也许他和你一样，只是忘了把薯条从自己的袋子里取出来而已。

冷静地看待现实，换个角度思考问题，千万不要庸人自扰。

怎样才能不堵车

伦敦是世界上最拥挤的城市，高峰时汽车只能排着队一点儿一点儿地向前挪动。在拥挤程度最甚的街道上，车速甚至在每小时 12 英里以下。2003 年，伦敦行车速度继续下滑到每小时 8.69 英里，平均每行进一公里就得等待 2.3 分钟。

面对这种状况，政府发出了号召，要人们减少私车出行，乘公交车。状况虽有好转，但依然很拥挤。

2003 年，伦敦政府采纳了一个建议，对机动车收取拥堵费。当天或者之前交费每辆 8 英镑，第二天交费每辆 10 英镑，两天之内不交拥堵费的车主，将收到 100 英镑的罚单。

开始的一段时间，伦敦街道拥堵的状况有所好转，可是随着时间的推移，拥堵又出现反弹。不久，拥堵达到了最大化。伦敦行车速度只能在每小时 8 英里以下，平均每行进一公里就得等待 2.7 分钟。

这是为什么呢?

原来，在收取拥堵费之前，许多私家车主觉得城市的拥堵也有自己的责任，不自觉地产生了一种“负罪感”，从而有意无意地减少驾车出行的时间。可是当他们交了 8 英镑的拥堵费之后，就认为自己为“错误”付出了代价，驾车出行理直气壮，没有了“负罪感”。

无独有偶。美国的一家幼儿园，要求家长每天按时接送孩子。可是几乎每天都有少数家长迟到。在这种情况下，这家幼儿园想出了一个办法，就是家长迟到一次要交 5 美元。

幼儿园本来想靠这个办法杜绝家长迟到的现象，但事实却出乎意料。自从实行“5 美元”的办法后，迟到的家长不是少了，而是多了。这让幼儿园不得其解。

后来，经过调查，人们终于知道了答案。其实，原因恰恰就出在这“5 美元”上。

在不交 5 美元的时候，许多家长都为自己的迟到而自责和内疚。可交了 5 美元之后，他们的这种内疚感减轻甚至没有了，认为自己已经为错误付出了代价，不应当再受到指责。

人生絮语：

面对别人犯下的错误，我们总想让对方付出代价，可这往往不是最好的方法。

有时候，也许就是需要你换个角度，放任他人的错误。只有这样，他才会产生内疚感，从而能长时间地记住这个教训，永远不犯同样的错误。

只借一美元

一位犹太大富豪走进一家银行。

“请问先生，您有什么事情需要我们效劳吗?”贷款部营业员一边小心地询问，一边打量着来人的穿着：名贵的西服、高档的皮鞋、昂贵的手表，还有镶宝石的领带夹子……

“我想借点钱。”

“完全可以，你想借多少呢?”

“1 美元。”

“只借 1 美元?”贷款部的营业员惊愕地张大了嘴巴。

贷款部营业员开始暗自盘算，这人穿戴如此阔气，为什么只借 1 美元?他是在试探我们的工作质量和服务效率吧?

于是，营业员便装出高兴的样子说：“当然，只要有担保，无论借多少，我们都可以照办。”

“好吧。”犹太人从豪华的皮包里取出一大堆股票、债券等放在柜台上。

“这些做担保可以吗?”

营业员清点了一下，“先生，总共 50 万美元，做担保足够了，不过先生，你真的只借 1 美元吗？”

“是的，我只需要 1 美元，有问题吗？”

“好吧，请办理手续，年息为 6%，只要您付 6%的利息，且在一年后归还贷款，我们就把这些作保的股票和证券还给你……”

犹太富豪走后，一直在一边旁观的银行经理怎么也弄不明白，一个拥有 50 万美元的人，怎么会跑到银行来借 1 美元呢？

银行经理追了上去：“先生，对不起，能问你一个问题吗？我是这家银行的经理，我实在弄不懂，你拥有 50 万美元的家当，为什么只借 1 美元呢？”

“好吧！我不妨把实情告诉你。我来这里办一件事，随身携带这些票券很不方便，便问过几家金库，要租他们的保险箱，但租金都很昂贵。所以我就到贵行将这些东西以担保的形式寄存了，由你们替我保管，况且利息很便宜，存一年才不过 6 美分……”

精明不仅体现在办大事的态度上，更体现在处理小事的细节中，这个故事不仅让我们看到了犹太人精明的商业头脑，他独特的解决问题的角度更值得我们学习。

潦倒的画家

有一个落魄潦倒的穷画家，一直坚持着自己的理想，除了画画之外，不愿从事其他的工作。

而他所画出来的作品，又一张也卖不出去，搞得三餐老是没有着落，幸好街角餐厅的老板心地很好，总是让他赊欠每天吃饭的餐费，穷画家也就天天到这家餐厅来用餐。

一天，穷画家在餐厅吃饭，突然间灵感泉涌，不管三七二十一，拿起桌上洁白的餐巾，用随身携带的画笔，蘸着餐桌上的酱油、番茄酱等等各式调味料，当场作起画来。

餐厅的老板也不制止他，反倒趁着店内客人不多的时候，站在画家身后，专心地看着他画画。

过了好一会儿，画家终于完成他的作品，他拿着餐巾左盼右顾，摇头晃脑地欣赏着自己的杰作，深觉这是有生以来画得最好的一幅作品。

餐厅老板这时开口道："嗨！你可不可以把这幅作品给我？我打算把你所积欠的饭钱一笔勾销，就当作是买你这幅画的费用，你看这样好不好啊？"

穷画家感动莫名，惊异道："什么？连你也看得出来我这幅画的价值？啊！看来，我真的是离成功不远了。"

餐厅老板连忙道："不！请你不要误会，事情是这样的，我有一个儿子，他也像你一样，成天只想要当一个画家。我之所以要买这幅画，是想把它挂起来，好时时刻刻警惕我的孩子，千万不要落到像你这样的下场。"

人生絮语：

坚持到底是众所皆知的成功法则，但坚持错误的方向而且始终不愿修正，却是导致失败最重要的原因。

坚持就是胜利不假，但方向一开始就是错的，还要固执地坚持下去，就别埋怨幸运之神不眷顾你了。

因此，当你发现你的坚持总是得不到胜利的时候，你应该学会转变角度，及时转弯，你的胜利才能够到来。

打狗的规矩

小松从外地出差回来，朋友们决定为他接风洗尘。

吃饭时，朋友说："我给你们讲个故事吧。上个月我去外地出差，经过

一个村子，突然一条大狗从远处向我冲过来，你们说在那种情境下我该怎么办?”

“跑肯定是不行的，最好的办法是用石头打它。”一人说。

“对，乡下有句俗话叫狗怕蹲下，当你蹲下时狗以为你要捡地上的石头打它，就会落荒而逃。我当时就是这么做的。那条狗向我冲过来时，我一蹲下它就转身跑了。”

“我正想着继续赶路呢，这时候，旁边突然跑过来一位大爷，从地上捡起一块石头扔过去，正好打在狗腿上，狗叫了一声，跑得更远了。”朋友说。

“我向大爷道谢，可大爷却生气地对我说：‘你蹲下就要打它一下，老不打，狗就不信其他人了，它以后就再也不怕蹲下的人了。’”

小松当时愣住了，原来如此啊。

小松接着说：“我觉得大爷说得很有道理。狗之所以怕人蹲下，就是因为会有人用石头打它，这是长期以来形成的条件反射，也算是人与狗之间的一个协议。你要是打破了这个协议，蹲下了却没打它，一次两次没事，次数多了它就不再相信你了。不管你蹲下是不是真打它，它都会扑过来咬你，吃亏的最终还是我们人类自己。”

这时，有人插话：“看来，那位大爷表面上是在帮你打狗，其实更深的层次上也是为了全村人长久的安全，是在维护一种秩序。”

“对，很多时候，不守规矩比暴力更可怕。暴力只是破坏表面的东西，而不守规矩却是破坏了一种秩序，把根基都动摇了。”小松说。

人生絮语：

最深刻的哲理往往隐藏在最普通的生活细节当中，从这些琐碎小事上，我们可以懂得很多的为人处世之道。打开思路，多角度分析这些问题，能领悟到更多的人生智慧。

凡事只要为自己而做

小张接到朋友的电话，朋友说，他急需几本专业资料，问小张能不能立即给他找到。

小张知道那些资料是很难找的，但是出于朋友间的义气，小张还是把事情答应下来，并把它当做自己的事情放在心上。

接下来的几天里，小张都在为这事奔走，他去了好几位同学家，跑了图书馆，在网上也查了很多资料，但还是一无所获。

那些天小张焦急不安，头脑里老是惦记着有关资料的事，导致自己心神不宁，寝食难安。但一想到朋友着急用，小张认为这些付出是值得的。

恰巧有一天去外地办事，小张在一家大型书店里看到了朋友要的资料，欣喜若狂的小张赶紧掏钱把那些资料买了下来。

回来后，小张便立即给朋友打电话，告诉他他要的书买到了。

但电话里朋友的声音却吞吞吐吐，原来他竟然记不起曾经让小张查资料的事来。谈话末尾，总算记起这件事的他连声道歉，并说那天他在设计的时候的确急需要考证一些数据，但后来他找到了一种解决的办法。小张明白了，朋友的意思是，那些书他不要了。

当时，小张感到非常气愤，他发现自己辛苦买来的书是多余的，自己好心好意却做了无用功，他不知道自己的执著是为了什么。

回家后小张仍然没有从失落中走出来，妻子问明原由后不但没有生气，反而释然道："这有什么关系，你的执著没有什么不对。你所做的一切，不是为了其他任何人，而是尊重了你自己。"

人生絮语：

我们左右不了别人的观点，但可以控制自己的思想。有些事看似是为了迎合别人，但从另一个角度看，其实并不是为了任何人，只是为了尊重自己。

第 8 章

现在就行动

四十多年前，一个十多岁的穷小子，自小生长在贫民窟里，他身体非常瘦弱，却立志长大后要做美国总统。但如何能实现这样宏伟的抱负呢？经过几天几夜的思索，他拟定了这样一系列的目标：

做美国总统首先要做美国州长，要竞选州长必须得到雄厚的财力后盾的支持；

要获得财团的支持就一定得融入财团，要融入财团就最好娶一位豪门千金；

要娶一位豪门千金必须成为名人，成为名人的快速方法就是做电影明星。

做电影明星前得练好身体练出阳刚之气。

原来，当总统很简单，首先先要练出阳刚之气！

按照这样的思路，他马上行动了起来。

他相信练健美是强身健体的好点子，因而萌生了练健美的兴趣。于是，他开始练习健美。3 年后，凭借发达的肌肉，一身似雕塑的体魄，他成为了健美先生。

22 岁时，他进入了美国好莱坞，并在影迷心中树立了坚强不屈、百折不挠的硬汉形象。

几年后，女友的父母终于接纳了这位“黑脸庄稼人”，他娶了肯尼迪总统的侄女为妻。

2003 年，年逾五十七岁的他退出影坛，转为从政，成功地竞选成为美国加州州长。

他就是阿诺德·施瓦辛格。

※ ※ ※

不管你决定做什么，不管你为自己的人生设定了多少目标，决定你成功的永远是你自己的行动。只有行动赋予生命以力量，你的行动，决定了你的价值。

至少要减掉10公斤！

当年他报考中戏时，一波三折，差一点就与中戏失之交臂。那天是1995年的5月22日，当时表演系专业都已招考完毕，只剩了一个音乐剧专业还在招生，那年他15岁，身高1.8米，体重89公斤，一个典型的东北大汉。

报名的老师看到他，一脸惊讶："你也来报考表演?"

"对，我就是来报考表演系的。"他信心满满地说。

老师并没有多看他两眼，摆摆手，说："孩子，回去吧，你考不上的。"

仿佛一记闷棍打在头上，从小就好强的他被打晕了，还没考，就被老师关在了门外，他不甘心就这样算了。

"为什么呀?"他一定要问个清楚。

老师终于瞟了他一眼："你知道音乐剧专业需要做什么吗?要跳芭蕾，你看看你，你这身材能跳芭蕾吗?你的脚尖能撑得住你这大块头吗?"

他不想放弃一丝希望，小声地问老师："那我减肥成吗?"

老师有点不耐烦了，应付地说了一句："至少要减掉10公斤。"

离考试的日子还有30天，那么短的日子要减掉10公斤，可能性几乎为零，估计老师也没指望他能减肥成功，随口应允只是打发他快走，可他却把这无心的话当成了救命稻草。

为了减肥，他立即行动起来。他先找到中戏一个老乡，在他的宿舍住下，然后就开始了他的减肥历程。

他每天风雨无阻，从不间断，每天跑步三次，每次五十分钟，跑完以后，再到一个像蒸笼一样的温室花房练芭蕾小跳一千下，其余的时间就是练台词。他每天除了喝点肉汤，就只吃点水果，主食一点都不沾。

刚开始，有一帮中戏超重的学生和他一起跑，可是几天下来，那些人一个个打起了退堂鼓，只有他一个人坚持了下来。

他不知疲倦，不怕非议，在风雨中奔跑，在烈日下狂奔，平日沉默不语，到了深夜还在楼道里背台词。

这些近乎疯狂的举动让他成为了中戏大院里一道独特的风景。那时，周围的中戏学子们只要看到他就会交头接耳用不屑的口气说：“看，那疯子又来了。”

考试的日子终于来到了，整整一个月，他减掉了18公斤。

他信心十足地去参加考试。考试那天，来了七百多人，全是俊男美女，其中有一个女孩特别漂亮，身材高挑，在考生中尤为显眼。

巧的是，他正好被老师选中和那位美女合作。考试的题目是演一场恋人分手的戏。

他酝酿好情绪，准备好了台词，大大方方地上场了。

他眼神忧郁，低着头不敢看对方，轻声说了一句：“我们分手吧。”

漂亮的女生问：“为什么？”

他不由得抬起了头，只见她满脸绯红，睁着水汪汪的大眼睛，紧张地看着他，手足无措。

他不由得被她紧张的情绪感染了，脑海中顿时一片空白，预先设想的台词忘得一干二净。

于是，他重重地叹息了一声，说：“我们分手吧。”

女生更是不知所措，还是那句话：“到底为什么？”

他手足无措地站在那儿，不知道怎么接下去才好……

辛辛苦苦准备了半年，又进行了一个月残酷的减肥，眼看离中戏的大门越来越近，没想到竟让这几分钟的表演弄砸了，他十分懊恼。

当他垂头丧气地走出考场时，有位老师在后面喊了一声：“那位考生，等一下，给你一次机会，让你再考一次。”

原来，从第一次报名起，形象和声音都不错，唯独胖了一点的他就给老师留下了印象。后来，他在中戏操场上挥汗如雨的跑步锻炼也让老师记住了这个执着的男生。那么多和他一起锻炼的考生都放弃了，唯独他坚持了下来，就凭这股精神，老师觉得也应该再给他一次机会。

这次的对手是个长相平平的女生，但两人好像有默契似的，一上场就进入了角色。有眼神的交流，有对白的交锋，还有情感的流露，同样一段分手的戏，他俩演了足足12分钟。

那一次，七百人的考生只录取了一人。

他就是孙红雷。

人生絮语：

一个月的时间要减掉10公斤，可能吗？但孙红雷做到了，他的成功源自对梦想的坚持，也来自他“马上就行动”的精神。

影响一个人成功的因素很多，对手很重要，伯乐也很重要，但最重要的机会还得靠自己去争取。

为了梦想，现在就行动吧！

生活从72岁开始

畅销书《窗边的小豆豆》的作者是日本著名作家黑柳彻子女士，而她的母亲黑柳朝也是一位畅销书作家。有人以为，黑柳彻子肯定是受到母亲的影响才成为作家的。可令人意想不到的是，黑柳朝竟然在72岁时才开始写作。

自从与小提琴家黑柳守纲结婚后，从东洋音乐学院毕业的黑柳朝就成了一名家庭主妇，她生了5个孩子，把自己一生中最美好的时光都用来照顾家庭了。

在她72岁那年，一起相伴走过53年人生路的丈夫去世了，而且丈夫去世的时候，她既没有储蓄也没有养老金。

黑柳朝是一个非常乐观坚强的女人，她决定不给孩子们添麻烦，靠自己的努力度过以后的岁月。她要在72岁的时候走上社会，开始工作！

由于女儿是作家，也有出版社约她来试着写本书，一开始，从来没有拿笔写过文章的她很不自信，也很犹豫，她问自己：“我能写书吗？”

试试看吧！

她先从给杂志写连载文章开始，以自己的成长经历为蓝本，终于写成了《阿朝来了》这本书。接下来，很多意想不到的事情发生了：这本书很受读者欢迎，一跃成为畅销书，她也成了名人，被邀请到美国和加拿大巡回演讲。

其实，在年轻的时候，她也曾为自己刚从校门出来就走进婚姻，根本没有机会走向社会实现自己的理想而苦恼过，但在不可能作出两全选择的情况下，她就选择了做一个好妻子、好母亲。

丈夫去世后，黑柳朝决定告别以往家庭主妇的生活，成为一个社会人，开始为自己几十年来没有机会追逐的梦想努力。

她确实做到了，而且做得非常出色，甚至在她80岁的时候。为了实现自己小学时“到国外生活”的梦想，她来到美国旧金山一个叫桑卡露斯的小镇上，过着自童年时就梦寐以求的生活：高大的树木上垂着累累果实，院子里鲜花怒放。她在花园里给草地浇浇水，看看花里面有没有虫子……

80岁的黑柳朝还成为日本《主妇与生活》杂志社的海外特派记者，经常被邀请到各地演讲，她又写了另一本畅销书《小豆豆与我》。

她在后记里写道：“年轻的时候，因为未来还有无限延伸的可能，并不觉得高兴，可是现在明白了，能顺利地活过这一年，能顺利地迎接明年是多么高兴的事情。就算上了年纪，未来仍然充满了不可预测的可能性，充满了魅力。”

人生絮语：

当你开始追逐梦想的时候，就是你新生活的开始。人生没有止境，什么时候都不晚。

敢于优秀

韩颖离开工作了9年的海洋石油总公司，丢掉铁饭碗，正式加入了惠普（中国）公司，在财务部工作。

那年，她已经34岁，面对异议，她说：人生什么时候改变都不会晚。

一进惠普公司，韩颖就来了次大动作。

80 年代末，员工没有工资卡，每次发放工资都由两个人手工完成，同事负责点钱，韩颖负责核实。300 多人的工资，当时又没有百元大票，厚厚一叠钞票，一个一个核实，数得她头晕眼花。

韩颖暗地里想，每年每月都如此发工资，既浪费时间，又容易出错，有什么解决的办法呢？

一次，韩颖下班后路过公司附近的一间银行，看到银行里来来往往的人，她突然灵光一闪，有了主意。

第二天一大早，韩颖找到银行负责人，希望银行能为公司 300 多位员工开户。

"我将每月的工资总数直接存到银行，员工凭折子领取工资。"韩颖说出了自己的想法。

银行从来没做过这样的业务，负责人有些犹豫了。

韩颖接着说："这样一来，银行会有一笔数目不小的存款，有百利而无一害，是好事啊。"

负责人经不起她的再三劝说，终于同意为她开户。

第二个月发工资的日子到了，韩颖兴奋地在财务部外面贴了张告示，告诉大家今后领工资不用排队等候了，直接拿着折子，到下面的银行领取就行。

但事实并不像韩颖想象的那样顺利，公司员工并不买账，每个拿到折子的员工都不太满意，他们在财务科外站着，面有愠色地议论纷纷。

韩颖心里正忐忑不安，直属领导传人来找她了。

一进办公室，她就被批评了一顿，领导说她犯了两大错误：一是为自己轻松，让 300 多个员工自己取钱，自私；二是贴大字报搞宣传，不经上级同意就擅自行事，放肆。

领导声色俱厉地让她回去检讨自己。

韩颖回到财务室，强忍着不让眼泪掉下来：难道自己真的做错了？

正在这时，事情有了转机。上层的外方领导知道了这件事之后，也传话来了。韩颖走进外方领导的办公司，看见对方赞许的笑脸。领导肯定地说："你改写了公司 5 年手发工资的历史，这种勇气和创新精神值得嘉奖！"

那一天成为了韩颖职场生涯的转折点，她因此被评为惠普公司年度优秀职员。在大会上，她意气风发地说："好的设想常常被扼杀在摇篮里，但这绝对不是你变得平庸的真正原因。”

永远不要害怕改变，改变里就有契机，它会让你成熟，更了解自己的能力极限。只要你是一只绩优股，投资者总会认识你，认可你，并且长久地支持你。”

现在让我们看看韩颖迄今为止的人生履历表：

她15岁下乡，24岁招工回城，分在天津渤海石油公司运输大队做汽车修理工。五十铃轮胎与她肩膀同高，累得她筋疲力尽。回到家，她仍抓紧时间学习会计学，并因业绩突出被调入中国海洋石油总公司。

她27岁进入厦门大学学习西方会计专业，在3年的学习期间还编译了一本140万字的英汉、汉英双解会计词典，这是当时国内第一本西方会计工具书。

她34岁进入惠普（中国）公司，38岁出任公司中国区财务经理，41岁任公司中国区首席财务官和业务发展总监，47岁当选亚洲最佳CFO，接着她成为英国著名的杂志《ASIA CFO》的封面人物，被该杂志评为“亚洲CFO融资最佳成就奖”，韩颖是此奖设立以来获奖的中国第一人。

人生絮语：

人生什么时候改变都不会晚，只要你有敢于优秀的信念，你随时都可以挑战新的生活。

丁磊南下

1995年，丁磊辞掉宁波邮电局的工作，乘飞机到了广州。

这一年，丁磊已经在宁波邮电局做了两年，工作节奏比较散漫，一张《宁波日报》就一张纸，很多期刊都是月刊，那时候的电脑也不能上网，唯一能干的事情是把交换机的事情搞搞清楚，而且那时候月工资才800块。

当时，丁磊觉得没有什么大的成长空间，最多评一个先进工作者，而这

对丁磊这样有专业能力的人来说是一种悲哀。

丁磊决定跳出来，一方面是因为自己工作没意思，第二是因为互联网的前景很好。他想，他这样的技术人才，出来到南方，随便都可以挣几千块一个月。

在厌倦了国有企业的工作之后，丁磊来到了广州。

丁磊在回忆当年对广州的第一印象时说，与内地城市相比，这是一个很现代、很开放也很务实的国际化都市。在这里听到人们说的是粤语、唱的是粤语歌，电视看的是香港台，报纸有繁体字的大公报，出租车也是港式的红色。因为亚热带的原因，这个城市永远是绿色的，看上去永远生机勃勃。

最重要的，是这个城市的人们的神情、节奏完全与内地不一样，整个社会的服务水平和服务意识，也是内地无法想象的。

“我是在广州最好的时代来到了这个城市，这里给了我意想不到的收获。”丁磊说。

因为在电信局工作过，丁磊对电信的业务很了解，当时宾馆的程控交换机开始流行，每一个打出的电话用这个设备计费，当时各个宾馆都需要交换机计费软件。丁磊一直在这个领域里接活，第一笔就挣了几万块，当时买交换机的人太多了。

回顾自己这段创业经历时，丁磊认为，如果没有当时这些业务上、资金和经验技术上的积累，就没有今天的网易。

当时在这些项目上，一共赚了多少钱他已经不记得了，但基本上他后来创办网易的钱，都来自为酒店写程控交换机计费软件的积累。

今天，如果有人问丁磊，毕业后该怎么做，他说：“不建议他创业，我会建议他到北京、上海或者广州、深圳，现在北京、上海的资金与机会可能比广州、深圳还多。”

毕业 10 年的时候，丁磊和电子科技大学的老同学聚会过一次，只有一两个像丁磊这样跳出体制外的。而他命运的改变，则是无意中在 1995 年这个正确的时刻，选择来到了广州。

人生絮语：

一个不经意间的举动，也许就能改变命运的轨迹。正是这种不确定性，生活才显得更精彩。现在就行动，平淡的生活就会有惊喜！

与世界首富擦肩而过

1973 年，英国利物浦市一个叫科莱特的青年考入了美国哈佛大学，常和他坐在一起听课的，是一位 18 岁的美国小伙子。

大学二年级那年，这位小伙子和科莱特商议，一起退学，去开发 32Bit 财务软件，因为新编教科书中，已解决了进位制路径转换问题。

当时，科莱特感到非常惊诧，因为他来这儿是求学的，不是来闹着玩的。再说，关于 Bit 系统，墨尔斯教授才教了点皮毛，要开发 Bit 财务软件，不学完大学的全部课程是不可能的。

于是，他委婉地拒绝了那位小伙子的邀请。

1983 年，科莱特成为哈佛大学计算机系 Bit 方面的博士研究生，那位退学的小伙子也在这一年，进入美国《福布斯》杂志亿万富翁排行榜。

1992 年，科莱特继续攻读博士后，那位美国小伙子的个人资产，在这一年则仅次于华尔街大亨巴菲特，达到 65 亿美元，成为美国第二富翁。

1995 年，科莱特认为自己已具备了足够的学识，可以研究和开发 32Bit 财务软件，而那位小伙子则已绕过 Bit 系统，开发出 Eip 财务软件，它比 Bit 快 1500 倍，并且在两周内占领了全球市场。

这一年，他成了世界首富，一个代表着成功和财富的名字——比尔·盖茨也随之传遍全球的每一个角落。

人生絮语：

要做一件事，如果等所有的条件都成熟才去行动，那么他也许要永远等下去。只有抢占先机，马上行动的人才可能获得成功。

明天就去

安东尼·吉娜是美国纽约百老汇极负盛名的演员。她在美国电视台著名的脱口秀节目《快乐说》中，讲述了自己成功路上最难忘的一段经历。

在大学读书时，吉娜是学校艺术团的歌剧演员，参加了一次校际演讲比赛。她演讲的题目是《璀璨的梦想》。她在演讲中说："大学毕业以后，先去欧洲旅游一年，增加自己的阅历，然后到纽约百老汇发展，实现自己成为一名优秀演员的梦想……"

她声情并茂的演讲，卓而不凡的风度，赢得了所有师生的多次喝彩，并一举夺魁。

当天下午，吉娜的心理学老师找到她，对她说："你是一个很有才华、很有发展潜力的学生。"

紧接着，老师就提了一个尖锐的问题："你现在就去百老汇，跟毕业一年以后去究竟有什么差别?"

吉娜仔细一想："是呀，大学生活并不能帮我争取到在百老汇的工作机会。应该先去试一试，即使失败了，我还可以返回学校继续学习。"

于是，吉娜决定，一年之后就去百老汇闯荡，而不是等到毕业一年以后再去。

这时，老师又问道："你现在就去跟一年以后去究竟有什么不同?"

吉娜思考了一会儿，对老师说："那下学期就出发。"

老师紧追不舍地问："你现在就去跟下学期去究竟有什么不一样?"吉娜

简直有些眩晕了，想想百老汇金碧辉煌的舞台，想想在睡梦中萦绕不绝的红舞鞋……她终于决定下个月就前往百老汇。

老师乘胜追击地问：“你现在就去跟一个月以后去究竟有什么两样?”吉娜激动不已，便情不自禁地说：“好，给我一个星期的时间准备一下，我很快就出发。”

老师步步紧逼：“所有的生活用品在百老汇都能买到，你现在就去跟一个星期以后去究竟有什么区别?”吉娜终于热泪盈眶地说：“好，我明天就去。”

老师赞许地点点头，说：“好！我已经帮你订好了明天的机票。有个朋友告诉我，百老汇正在招聘演员，你不要错过这次机会。有梦想，就要加快脚步实现它！只是等待是不行的!”

第二天，吉娜就飞赴全世界最著名的艺术殿堂——美国百老汇。正如老师告诉她的那样，百老汇的一个制片人正在酝酿一部经典剧目，几百名各国艺术家踊跃应聘主角。

安娜凭借着惟妙惟肖的表演，如愿获得了这个角色，穿上了人生第一双红舞鞋。然后一步步成为名演员，跻身名流行列。

人生絮语：

人们总是在等待时机成熟，可究竟时机成熟跟现在行动的结果能有多大差别呢？也许，等到时机成熟以后，机会也随之跑掉了。

别再犹豫了，现在就行动吧！

女囚犯的后半生

她是一名德国人，出生在一个商人家庭，20岁那年，因为天生丽质加杰出的演技，她被当时的纳粹头目相中，“钦点”成战争专用宣传工具。

几年之后，德国战败，她因此受到牵连，被判入狱 4 年。刑满释放之后，她想重回自己喜爱和熟悉的演艺圈。然而，尽管她才华横溢、演技出众，由于历史上的污点，主流电影媒介处处对她小心提防、敬而远之，大好的金色年华就这样付之东流水。

一晃十几年过去，她的身份，仍然走不出刑满释放囚犯的影子，没人敢起用她，没人敢收容她，甚至，没人敢娶她，年近半百，她依然独来独往、形单影只。

她的 50 岁生日就这样悄然而凄然地来到了，那一天，她大醉了一场，醒来之后，突然作出了一个谁也想不到的决定：只身深入非洲原始部落，采写、拍摄独家新闻。

这之后的两年，她克服重重困难，顶住心理、生理上的巨大压力，拍摄了大量努巴人生活的影集，这些照片，一举奠定了她在国内摄影界的地位。

她的奋斗精神和曲折经历深深吸引了一位 30 岁的小伙子，他和她是同行，共同的兴趣和爱好让他们超越了年龄隔阂，抛开外界舆论走到了一起。

在接下来的近半个世纪的时光里，他们远离人间的一切是是非非，用理解和真爱，出入战火和内乱交困的非洲部落，深入大西洋海底世界探险，书写了一段浪漫而美丽的爱情。

为了使自己的拍摄才华与神秘的海底世界融为一体，在 68 岁那年，她开始学潜水。随后，她的作品集中增添了瑰丽多彩的海洋记录，这段海底拍摄生涯一直延伸到她百岁高龄。

最后，她以一部长 45 分钟的精美短片《水下世界》写下了纪录电影的一个里程碑，也为自己的艺术生命做了一个圆满的结尾。

这位充满传奇色彩的女性，就是被美国《时代周刊》评为 20 世纪最有影响力的 100 位艺术家中唯一的女性，她的名字叫莱妮丽·劳斯塔尔。

人生絮语：

莱妮丽·劳斯塔尔以前半生失足、后半生瑰丽的传奇经历告诉人们：成功没有时间表，只要时刻保持自信和奋斗的雄心，生命随时都会绽放光芒。

IT 精英的转行

15 年前，他与朋友在学校餐厅的一张餐巾纸上写写画画，这便是“新浪网”的雏形。

13 年后，这位“新浪网”三号人物激流勇退，专心拍摄纪录片。他认为，“投资纪录片是精神扶贫，是社会善举”。他的目标是 10 年拍摄 100 部纪录片，“为下一代人留下这个时代的真实记忆”。

蒋显斌很早就对纪录片发生了浓厚的兴趣。有一年，蒋显斌在电视上看到了一部名为《寻找台湾生命力》的纪录片，它聚焦于社会变革中的台湾民众，也让蒋显斌“有了一种新的角度去思考脚下的土地”。

一开始，他考虑着只拍一部纪录片，为的是“交个差，圆个梦”。但很快，这个生命中的小插曲却让他整个人都深深沉迷其中。

蒋显斌还记得，他所拍摄的一个拼命借钱供儿子读大学的父亲。片中的父亲希望儿子大学毕业后出人头地，但因为扩招，儿子毕业后很难找到工作，甚至还没自己挣的钱多。

面对镜头，这位父亲却并没有失望：“年轻的时候我以为人生很长，现在我知道，其实人生很短。”

蒋显斌被打动了。他希望“用纪录片这个媒介来捕捉华人的面貌”。

为了实现这个愿望，他马上行动了起来。

首先，他注册了 CNEX 基金会，每年选出 10 部华语纪录片提案，给予 8 万～10 万元的资助。在拍摄过程中，CNEX 担任制片方，并邀请国内外知名导演与学者担任影片顾问与监制。拍摄完成后，CNEX 负责影片的国际影展参赛与市场发行。

这位“有眼光的商人”开始动用自己能够想到的所有资源。他的朋友，麦肯锡高级合伙人陈玲珍、电视编导张钊维，成了 CNEX 的另外两位合伙人，他们又分头行动，说服自己所认识的企业家为这个基金会作些投资。

基金会成立第一年，CNEX 拉来了 40 万美元的赞助，其中有 10 万美元

是蒋显斌自己的投资。

很多人都认为这并不是一个能够赚钱的行业，蒋显斌却对纪录片的前景相当乐观。除了每年维持基金会的运转，他还希望能够找到一个模式，使纪录片能够真正持之以恒地运转下去。现在，他觉得自己似乎已经找到了一个方向。

从 2009 年 6 月起，CNEX 资助张经纬导演拍摄的纪录片《音乐人生》在香港百老汇院线播放，引起了热烈反响，直到现在都没有下线。

现在，这部小成本的纪录片已经有超过 100 万港元的盈利。

“这在纪录片领域简直是个奇迹!”蒋显斌说。

凭借自己的努力，这位曾经的“IT 精英”站上了金马奖的舞台。在 2009 年度的评选中，作为华人地区最著名的电影奖项之一，金马奖把最佳纪录片的奖项颁发给了蒋显斌所监制的纪录片《音乐人生》。

只要将梦想付诸行动，即使在自己不熟悉的领域，一样可以收获惊喜。

王石的高度

1995 年，医生在王石的腰椎处发现了血管瘤，肿瘤压迫到了神经，由此诊断，王石可能会下肢瘫痪。

王石震惊之余，为自己订了一个计划：去西藏，这是他长久以来的愿望。

在摆脱缠绕了两年的工作之后，1997 年，王石终于第一次休了一个月的长假，他和朋友两人取道青海格尔木，沿青藏线入藏。

第一次入藏，改写了王石以后的生活。

在著名的珠峰大本营，他见到了中国登山队的高级教练金俊喜。金俊喜刚从梅里雪山下来，那里刚刚经历过一场空前的生死离别：因为雪崩，中日联合登山队的 17 名成员全部在梅里雪山遇难。

本来金俊喜是死亡名单上的第 18 个，但那天他正好左肩麻痹，从山上撤了下来。金俊喜落寞地从梅里雪山来到珠峰大本营，准备再次登山。

王石问他："为什么还登山？"

金俊喜的表情很平淡，语气很平静："死去的已经死去了，但活着的还要面对，还要走完他们没有走完的路。"

这番话令王石感到很震惊：一座雪山刚刚给他带来死亡的讯息，他马上又来到了另一座雪山脚下——这就是金俊喜作为登山人的信念！

金俊喜对王石说：你也可以登山。这让王石坚定了自己挑战高峰的念头。

死亡，是每一个登雪山者都要面临的问题，而且雪山面前人人平等，每个人面临的危险几率都是一样的，王石概莫能外。

1999 年，王石登博格达峰，他一人进山，第三天下午就遇到了非常恶劣的环境。因为前面是雪崩区，天气又很糟糕，当天要走过去显然是不可能的，王石在冰地上打锥挂上绳子，套上睡袋，当晚就吊在绳子上过了一夜。

第二天天气依然恶劣，王石只好下撤。不幸的是，经过一段 40 多米长的 65 度坡时，保护绳被飞石砸断，巨大的恐惧向王石袭来，他从来没有这样害怕过，甚至控制不了自己的哆嗦。

他心里明白，即便有人从大本营来救自己，也得两天以后，而两天的雪山停留，寒风刺骨，是致命的！王石最后的决定是：关掉与大本营联系的对讲机，抽自己几个耳光止住哆嗦，然后独自下山。

这正好是王石辞去万科总经理、仅保留董事长职位的一年，人生的放弃与得到，在他尝试登博格达峰后，越发清晰。

在王石登珠峰的过程中，到海拔 8650 米左右的时候有一段绝壁，1975 年，登山者在那儿搭了个铝梯。王石的预期是爬过铝梯就登顶了，但实地有一段必须离开铝梯做横切攀岩的动作，脚下就是万丈深渊。

王石毫无选择，骑虎难下，必须上。

后来，他形容自己"什么都没想，什么也没法想，就听见冰爪扣在冰岩里咔嚓咔嚓的响声"，然后一下子就上去了。

接着王石大喘气，脑袋里一片空白。

回到大本营后，王石不时地看看珠穆朗玛峰，他觉得不可思议："我曾经站在那儿过吗?"满足感和自豪感一点都不真实，直到总指挥让他填写一张表，上面写着"姓名、单位、高度"时，王石才激动地写下了"王石、万科集团、1.76 米"。

总指挥拿过来一看，说："不对，不是身高，是你攀登的高度。"

王石愣了一下，然后将高度一格改写为：8848.13 米，他的眼泪在那一刻流了下来，因为，这也是他生命的高度。

人生絮语：

海到无边天作岸，山至绝顶我为峰。现在就行动吧，去体验站在梦想之巅的精彩与感动!

只要你想

一个黑人母亲带女儿到伯明翰买衣服，一个白人店员挡住女儿，不让她进试衣间试穿，傲慢地说："此试衣间只有白人才能用，你们只能去储藏室里一间专供黑人用的试衣间。"

可母亲根本不理睬，她冷冰冰地对店员说："我女儿今天如果不能进这间试衣间，我就换一家店购衣!"

女店员为留住生意，只好让她们进了这间试衣间，自己则站在门口望风，生怕有人看到。那情那景，让女儿感触颇深。

又一次，女儿在一家店里摸了摸帽子而受到白人店员的训斥，这位母亲再次挺身而出："请不要这样对我的女儿说话。"

然后，她对女儿说；"康蒂，你现在把这店里的每一顶帽子都摸一下吧。"

女儿快乐地按母亲的吩咐，真把每顶自己喜爱的帽子都摸了一遍，那个女店员只能站在一旁干瞪眼。

对于这些歧视和不公，母亲对女儿说："记住，孩子，这一切都会改变的，这种不公正不是你的错，你的肤色和你的家庭是你不可分割的一部分，这无法改变也没有什么不对。要改变自己低下的社会地位，只有做得比别人好、更好，你才会有机会。"

从那一刻起，她开始行动起来，用自己的实际行动证明自己并不比别人差。她坚信只有教育才能让自己获得知识，做得比别人更好。教育不仅是她自身完善的手段，还是她捍卫自尊和超越平凡的武器！

后来，这位出生在亚拉巴马伯明翰种族隔离区的黑丫头，荣登"福布斯"杂志"2004 年全世界最有权势女人"宝座，她就是美国国务卿赖斯。

人生絮语：

现实是无奈的，但这并不意味着，我们就丧失了一切选择的权利。歧视和不公在制造了灰暗的同时，还催生了奋斗。

我们无法选择种族、血缘，肤色，但我们可以选择奋斗。

只要行动起来，你就有机会！

把梦想贴出来

他 12 岁随亲戚到美国读书，后来边工作边读书。他曾经做过 18 份工作，卖过菜刀，卖过汽车，当过餐厅服务员……在他 20 岁的时候，他的存款还是为零。

一次，他在看车展时，一辆奔驰 S600 令他艳羡不已，他站在车子旁边，让太太给他拍了一张照片，并把这张照片钉在墙上。

后来，他的生意越做越大，他的助理向他讨教成功的经验时，他就告诉他："你要成功的话，就给自己贴个梦想板。"

他从一个牛皮纸袋里拿出那张自己和奔驰 S600 的合影，照片上有被钉过的小孔。他接着说："以前一直觉得它实在太贵，不敢想自己能买得起。

后来，我就把它钉在梦想板上，天天看，并朝这个目标奋斗。最终梦想实现了。”

他说，自己一直把梦想贴出来，挂在自己的房间里，实现一个，收起来一个，放到抽屉里。从小目标到大目标，最后他所定的目标基本都实现了。

他就是著名的成功学大师陈安之。

实现梦想并不难，不妨把你的梦想贴出来，无论是短期的还是长期的，经常激励自己努力拼搏。当一个人的梦想、思想和行为一致时，成功就已经离你不远了。

默克尔家的蚊子

德国总理安哥拉·默克尔是当今世界上令人瞩目的女政治家之一，她处变不惊的铁娘子形象给人留下了深刻的印象。

安哥拉·默克尔从小就是一个优秀的女孩，她思路敏捷，兴趣广泛，在学校一直是品学兼优的好学生。

14 岁那年，默克尔满怀信心地参加学校学生会主席职位的竞选，可是，从前被视作天之骄子的默克尔却遭到了惨败。同学们指责她不苟言笑，缺乏亲和力，思想保守，缺乏创造性，完全不适合担任学生会主席。

默克尔无法接受别人的批评，伤心得好几天都不想上学校。

默克尔的父亲卡斯纳尔是一名知识渊博的教会牧师，他非常了解自己的女儿，对女儿寄予了很高的期望。

为了使女儿能够以正确的心态来对待人生的挫折，卡斯纳尔给女儿讲述了自己亲身经历的一个小故事：

“一个隆冬的早晨，屋外寒风凛冽，在上卫生间的时候，我忽然发现，在镜子的左上角有个小黑点，仔细一看，原来是一只个头很大的蚊子。纤细的足，长长的嘴，腹部有纹，模样非常丑陋。我扬起手，准备狠狠拍下，蚊子却抖动翅膀，在空中盘旋了两圈，停到卫生间的墙角里去了。”

“突然，我非常的感动，在心里，我觉得有三条理由放它一条生路：

第一，它是一只英雄的蚊子。天寒地冻，它的部落成员们早就都销声匿迹，而它却能挑战自己的身体极限，坚强地站立在严酷的环境里，我觉得我应该敬重这样的生命。

第二，它是一只有活力的蚊子。经过了严酷的自然选择，它依然肢体强壮，灵敏如常，这已经算得上是一个奇迹了，我珍惜这样一个奇迹。

第三，它是一只热爱生命的蚊子。在同类都已经死去的情况下，它还能乐观地活着，怎不让人佩服呢?”

卡斯纳尔把自己奇特的感受告诉了妻子，妻子则不以为然，她的一句话，使卡斯纳尔不得不重新思考这只孤独的蚊子。

妻子说：“假如说我们家的卫生间并不是现在这般温暖如春，这只蚊子还会生存吗？很显然，这只蚊子是一只贪图温暖安逸而不知危险已至的蠢蚊子！它是该死的！”

说着，妻子拿起了一罐杀虫剂，将卫生间彻底地喷了一遍，结果，那只孤独的大个子蚊子瞬间就掉落在地上，毫无挣扎地死去了，并没有给人英雄牺牲时的悲壮之感。

讲完这段经历之后，卡斯纳尔语重心长地对女儿说：“同样一只孤独的蚊子，我们对它却有两种截然不同的认识和评价。所以，亲爱的孩子，在生活中，当有人赞扬我们是英雄或者贬低我们为懦夫的时候，那不过是他们把自己的某些想法强加在我们的身上而已，并不代表我们真的就伟大或者渺小。”

“正如这一只孤独的蚊子一样，毁誉并不能改变它的属性，我们永远是我们自己！不要被他人的口舌左右！”

默克尔睁着大大的眼睛注视着父亲，她点了点头，明白了父亲谈话的深意。从此以后，默克尔不再为别人的评价而烦恼了，她按照自己的人生理想，不断地奋斗拼搏，一步一步地走向成功。

首先，她成了一名具有杰出贡献的物理学家，然后步入政坛，担任德国基民盟党主席，还出任政府部长，最终成了德国历史上第一位女总理。

当人们问默克尔成功的秘诀时，她非常自豪地说：“我永远都记得父亲

所说的那只蚊子，它帮我走过了许多人生困境。”

人生絮语：

听信别人的言论，放弃自己，是很多人失败人生的开始。选择自己要走的路，并为之付诸行动，你就会得到你要的成功。

2000 份征订单

1921 年 6 月 2 日，电报诞生整整 25 周年。美国《纽约时报》对这一历史性的发明，发表了一篇简短的社论，其中传达的一个重要信息是：现在人们每年接受的信息量是 25 年前的 50 倍。

对这一消息，当时在美国至少有 16 人作出了反应。这 16 人都认为创办一份文摘性刊物，让人们能在浩如烟海的信息中，尽快获得自己需要的东西，是一个不错的致富方法。这 16 人中，有律师、作家、编辑、记者，甚至还有国会议员，他们都认为这类刊物必定有广阔的市场。

在不到 3 个月的时间里，他们都到银行存了 500 美元的法定资本金，并领取了执照。然而，当他们到邮电部门办理有关发行手续时，却被告知，这类刊物的征订和发行暂时不能代理，如需代理至少要等到明年中期选举过后。

得到这一答复，其中的 15 人为了免交执业税，向管理部门递交了暂缓执业的申请。

可是，有一位叫德威特·华莱士的年轻人没有理睬这一套，他回到他的暂住地——纽约格林威治村的一个储藏室，和他的未婚妻一起糊了 2000 个信封，装上征订单运到邮局寄了出去。

凭借着这 2000 份征订单，创造了世界出版史上的一个奇迹，这个奇迹就是《读者文摘》。

到2002年6月30日，他们创办的《读者文摘》已拥有19种文字、48个版本，发行范围达127个国家和地区，订户1亿人，年收入5亿美元。

人生絮语：

行动是成功关键，做任何事情都需要行动，行动可能会失败，但不行动就绝对会失败。

给梦想一把凳子

都快8岁了，他10以内的加减法还是算得一塌糊涂。父亲把在墙根下玩打石头的他拽起来，给了他一个书包说，上学去吧。

父母一天到晚想着他能有一个正经营生。有一年秋天，他蘸着黑墨水，在自己家的围墙上画了一个四角的亭子，几棵高树，还有一些波光粼粼的水。

邻居说，这孩子画得不赖，将来当个画匠吧。他以为，他将来能当走村串户的画匠了，就有意无意地留心看画匠干活。

就在他还不能确定是否能当画匠的时候，父母又发现了他的另一个“长处”。

有一次，他和隔壁邻居家的小子剪下许多猫猫狗狗的纸样，拿着手电钻进鸡窝里“放电影”。

在浪费了好几节电池之后，父亲去公社找放映队的人，看能不能给他找下一个营生，哪怕打打杂，抱抱片子什么的都可以。

后来，公社倒是给了他们村一个名额，不过不是给他，而是村支书的儿子。

眼看当画匠无望，又当不成放电影的，父母盘算着该让他回家种地了，并预谋着要为他订下邻村的一个女孩当媳妇。

就在这时，他竟然又稀里糊涂地考上了县里的高中。

父亲一下子发了愁：上吧，不但会误了田地的活，而且还会误了邻村的女孩。更要紧的是，村里边从来没有谁考上过大学，父亲觉得自己家的祖坟上也不会有这根草。

父亲说：“别上了。”

母亲见他支支吾吾地，就说：“上吧，走一步算一步。”

上完高中，他考上了一所三流的专科学校。他的人生如果就这样下去的话，毕业了，回老家教教书，或许一辈子就这样没有波澜地过了。

然而，大二的时候，他突然冒出一个想法来。那时，学校办着一份自己的报刊，有一个副刊，一个月要出一两期的，他常常见同学的文章在上面发表。他想，在毕业之前，自己要完成一个小小的愿望，那就是一定要在校报的副刊上发表一篇文章，把自己的名字变成铅字。

他开始疯狂地写东西，写完后，就拿去让教写作的老师看，稍有得到赞许的，就投给校报编辑部。

到后来，老师也不愿给看了，他就埋下头来自己琢磨。他看了许多的书，也浏览了不少的报刊。然而，投给校报的许多稿件，都如石沉大海。

他不想把这些凝着自己心血的稿子扔了，抱着试试看的想法，他向本市的日报社投去几篇。让他想不到的是，他的文字竟然出现在了本市的日报上！

再后来，他的名字相继出现在了省内外的报刊上。从此，他在文学创作方面更加勤奋了，因为他发现，他还有着一项自己都意想不到的才能。

这个人就是贾平凹，这是他在一次笔会上说的。讲完后，他颇有感慨地说：“这个世界上更多的人，是被别人安排着过完一生的，被安排着学哪门技术，被安排着进哪个学校，被安排着在哪个单位上班……自己却从来没有真正地为自己安排一件事情去做。”

“人在这时候，最需要有一把凳子，你站上去，才会发现，你还有着许多没有挖掘出来的才能和智慧。而这把凳子，就是突然闯进你心中的一个想法、一个念头。没有这个凳子，你永远看不到梦想，更别说拥有它。”

人生絮语：

一个想法，一个念头，都可能改变人的一生。如果你看不到伸向前方的道路，给自己一把凳子，站的更高，你的视野就会越宽广，你也能更清晰地看清楚未来的模样。

吴鹰抠死耗子

在我国《新财经》杂志评出的“十大知本富翁”排行榜上，UT 斯达康公司总裁吴鹰曾排名第一。他曾被美国《商业周刊》评选为“亚洲之星”，与总理朱镕基同时成为《商业周刊》封面人物。他的 UT 斯达康公司在美国纽约纳斯达克上市后，股价涨幅曾达 278%，市值直逼 70 亿……

这些成就的背后，吴鹰经历了常人难以想象的艰辛，特别是那次“死耗子”事件，成了他摆脱现状，奋发向上的动力。

到达美国新泽西州后，吴鹰身上只剩下 27 美元了，他决定先从最苦最累的搬运工干起。

做搬运工时，吴鹰和一些越南难民、国内偷渡客在一起，每天要承受着繁重的体力劳动。高强度的劳动让他感到精疲力竭，他真有点支持不住了。

一天，大家都休息了，老板却指名道姓让吴鹰进仓库把粘在老鼠胶上的死耗子抠下来。原来，为了防止耗子在仓库里肆意横行，管理员就放了许多老鼠胶在角落里，老鼠一旦粘上就无法脱身。但死耗子的尸体不及时清理，就会发臭。

“为什么别人都可以休息，却让我一个人去干?”吴鹰心里很不平衡，但他却没有理由不去做。

当捏着一只只软绵绵的死耗子时，吴鹰的胃里一阵又一阵地翻腾，差点把吃的东西全吐出来。

吴鹰心里很不是滋味，想想在国内自己是受人尊敬的大学老师，千辛万

苦跑到美国，难道就是为了干这样的活?

望着一堆死耗子，吴鹰咬牙在心里发誓：不在美国弄出点名堂决不回国!

半年后，一则招聘广告引起了吴鹰的注意，当地一位著名的教授要招一名助教。

这可是一个难得的机会，这个工作收入丰厚，又不影响学习，还能接触到最先进的科技资讯。

但当吴鹰赶去报名时，那里已挤满了人。

经过筛选，取得报考资格的各国学者有30多人，成功的希望实在渺茫。考试前几天，几位中国留学生使尽浑身解数，打探起主考官的情况来。

几经周折，他们终于弄清了内幕——主持这次考试的教授曾在朝鲜战场上当过中国人的俘虏!

中国留学生们一下傻眼了："看来，中国人肯定没戏，只有最愚蠢的人才把时间花在不可能的事情上!"他们纷纷宣告退出。

吴鹰的一位好友也劝他："算了吧，别自讨没趣了！多洗几个盘子，好歹也能挣点儿学费!"

但吴鹰还是如期参加了考试，他当时也没抱太大的希望，但他想，自己连死耗子都抠过，还怕这个做过中国人俘虏的考官?吴鹰的自信使他很放得开，完全融入到助教的角色中。

"OK！就是你了!"当教授给吴鹰一个肯定的答复后，微笑着说，"你知道我为什么录用你吗?"

吴鹰摇摇头。

"在所有的应试者中，你并不是最好的，但你的自信心却远远地超过了他们，他们看起来好像很聪明，其实不然，我需要的是一个很好的助教，没必要扯上几十年前的事。我很欣赏你的勇气，这就是我录用你的原因!"

走出考场的吴鹰立刻被同学们围了起来，听说他被录用了，那几位中途退出的留学生后悔不迭：多好的机会被错过了!

人生絮语：

改变从现在开始。把屈辱抛在身后，设定一个目标，然后锲而不舍地努力，才能出人头地。

打好人生的“烂牌”

1973 年，他出生于台南小镇一个普通的家庭。高中时，他似一匹脱缰的野马，逃课、逃家、飙车，每天在游乐场上混。他是众人眼中的坏孩子，他甚至瞒着父亲“拒绝联考”。被发现后，他离家出走，把父亲气得一病不起。

从此，他在社会大学里修炼学分：干搬运工、水泥工、货车司机，到处打零工养活自己。有一段时间，他不得不睡游乐场楼上的夹板床，和三教九流蹲坐在墙脚边抽烟。

21 岁后，他和好友合伙做生意，从健身器材到汽车用品，但没一个生意能坚持做半年。

两年后，他进入一家公司卖韩国现代汽车，照样过着颓废的生活，日夜颠倒，每天上班都迟到。

一天晚上，兼职创业的他被合伙人骗走了一百多万新台币。他心情沮丧到了极点，在社会大学里跌跌撞撞了几年，他幡然醒悟：人生不可以再荒唐下去！

然而，他手中拿到的却是一副烂牌——有多烂？

第一张烂牌：他没有富爸爸，且只有高中学历。

第二张烂牌：现代汽车在台湾顾客满意度排名中倒数第二名。

第三张烂牌：现代汽车的销售量倒数第一，业界人士形容，“卖一辆现代汽车，比卖三辆丰田还难”。

第四张烂牌：公司财务状况不佳，他服务的公司连续多年亏损，财务危机不断，公司给业务员的资源少得可怜。

第五张烂牌：销售据点在穷乡僻壤。他所在的营业处位于台南县佳里镇，居民不到 6 万人，而营业处的 150 多位业务员几乎都跳槽了，只有他和

二十多个人留了下来。

他决心把手里的烂牌打好，打出成绩来。

一开始，他需要面对销售弱势品牌的挑战，因为品牌不强，客户很容易变卦。第一年，他连年终奖金都没有领到。

但他没有被打倒，他激励自己："好卖的车，谁都会卖，如果我卖别人不想卖的车，就很少有人和我抢客户，我就有更多机会。"

山穷水尽之时，他信奉世界上最伟大的推销员乔·吉拉德的"250 定律"：满意的顾客会影响 250 人，抱怨的顾客也会影响 250 人，而这后来成了他制胜的秘籍。

凭着憨直、真诚的人品和不服输、不放弃的精神，他赢得了客户的信任。很多客户变成他的铁秆儿"业务员"，帮他卖车。

他还特别的自信，相信自己推销的车是最好的。别人眼中，现代汽车是韩国品牌，品质不好，更换零件不方便，但在他眼里，现代车却"有法拉利设计师设计的流线外形，使用的是奔驰引擎"。

愿意买现代的客人少，他会说："客户少，能提供给客户的服务才能做得更好，这是我们的优势。"

碰上公司连年亏损，连每年发送客户的月历礼品都限量配额，他却说，"这样我才更能仔细选择真正会买车的客人……"

功夫不负有心人，2005 年，他竟然卖出 205 辆汽车，平均 1.8 天一部车！创下台湾有史以来年度最高汽车销售纪录。那一年，他的年收入高达 560 万元新台币。

他就是台湾销售员的"天王"——林文贵。

2007 年 9 月，林文贵成为第一届《商业周刊》"超级业务员大奖"金奖得主。评委给出的评语是："他就像生长在悬崖上的兰花，没有土，没有水，悬崖上的风还很大，自己却从细缝中活出精彩。"

人生絮语：

人生中最重要的，不是我们手中握一把什么样的牌，而是如何去打。有了积极的心态和不懈的努力，即便我们手中是一副烂牌，也能扭转败局。关键是，不要埋怨，要马上行动起来！

第 9 章

坚持就是胜利

电话是贝尔发明的，但发明电话的大量工作却是爱迪生完成的，而贝尔所做的仅仅是将电话中的一个螺母转动了4.1周。

为此，爱迪生和贝尔走上了法庭，最终，法庭将电话的发明权判给了贝尔。

法官认为，虽然爱迪生做了大量工作，但他们最终认为电话没有实用价值而放弃了，可贝尔没有放弃，他将螺母转动了4.1周，改变了电流强度，使电话有了实际用途。

所以，电话的发明权归贝尔。

※ ※ ※

“骐骥一跃，不能十步，驽马十驾，功在不舍。”我们可能没有骐骥的力量，但以驽马锲而不舍的精神，一样可以成功。

坚持，就是胜利。

当年明月那些事儿

他叫石悦，长相一般，一个普通的不能再普通的小公务员。

出生在一个平凡家庭的他，过着和同龄人一样的琐碎日子，上学、读书、玩耍，在平淡的岁月中一点点长大，如果非要从他身上找出什么特别的话，那就是他对历史的痴迷。

刚上小学的时候，当别的男孩儿正拿着变形金刚，仿真手枪满街乱跑的时候，他却独自一人蹲在厨房昏暗的灯光里如饥似渴地读着一本又一本厚厚的史书。

高考之后，他进入了一所普通的高校。大学的生活没有他想像的那么缤纷多彩，大量的业余时间和不确定的未来都让这群天之骄子们手足无措，不知道该如何渡过漫长的大学生活。大多数人都用恋爱、玩网络游戏来消磨自己的时间，混日子。

但他却是个另类，不谈恋爱、不玩游戏，也很少和同学一起上街闲逛。只要一有时间，他就一头扎进史书中，乐此不疲。

时光飞快地流逝着，四年的大学生活很快就画上了句号，他顺利地考上了公务员，从此开始了日复一日、年复一年的枯燥生活。

办公室里的同事们一有时间就在一起看看报纸，摆摆龙门阵，打发一下漫长的时光。而性格内向的他仍旧是众人眼中的另类，常常在没工作的时候奋笔疾书，记录着一些有趣的历史故事。大家都在私下里笑他，然后又继续海阔天空地胡侃着。

下班之后，他也基本上没什么休闲活动，不是不想，而是实在讨厌那些毫无意义、吃吃喝喝的应酬。他更愿意把自己关在狭窄的房间里，沉浸在那刀光剑影、富贵浮云的历史往事中。

他一直觉得，自己的生命不能在这样琐碎无聊的时光中消耗掉。终于有一天，他下决心：要写一本书。

在接下来的日子里，他开始用自己的语言诠释着一段古老的历史。不过，巨大的孤独感也让他窒息，有时候，实在是太孤独了，他就停止写作，骑着自行车在夜市上逛一圈儿，什么也不买，只是想在人群中排遣胸中的孤独。

就这样，他利用断断续续的业余时间写出了一本几十万字的书。后来，这本名叫《明朝那点事儿》的网络小说在极短的时间里迅速窜红，出版社争相和他签订合约。

他独特的历史观和丰富的历史知识，还有那俏皮调侃的语言在读者中引起了巨大的轰动。这个网名叫“当年明月”的小公务员一夜之间就成了红透大江南北的人物，和他朝夕相处的朋友同事们也大跌眼镜。

在谈到自己如何成功的时候，他调侃着说道：“比我有才华的人，没有我努力；比我努力的人，没有我有才华；既比我有才华，又比我努力的人，没有我能熬。在他们消磨时间的时候，我却在不停地努力着。”

所谓消磨时间，不过是时间消磨你的另一种说法而已。有心的人，会在平淡琐碎的时光中根植梦想，抓紧时间充实自己，创造机会。最终，他们就会在别人感慨平庸生活的时候，收获成功。

别让无聊的时光消磨了你，只要能坚持下去，梦想就一定能实现。

韩三平的慧眼

在演艺圈，能够捧红演员的导演大有人在，但能够捧红导演的人却鲜有耳闻。现任中影集团董事长韩三平就是这样的人，更难能可贵的是，他看中的都是“濒临绝境”的导演。

有一个年轻导演，立志拍一部具有历史厚重感的影片，写剧本、筹备剧

组、选外景，殚精竭虑。然而，一切基本就绪后，却遇到了令他崩溃的事——申请立项没有通过。那年，同类题材申请立项的电影有四五部，有内部消息称：无论先来后到还是凭资历，都轮不到他。

年轻导演陷入绝境，因为他是借的100万元把剧组建了起来，如今发现立项有问题时，剧组已经扩大到四五十人，衣服道具都做好了，每天都得往里扔钱。

这时，韩三平出手相助，担当起该电影的总制片人，果断注入重金“输血”，并亲自出马使得影片最终通过审批。

年轻导演感激万分，同时也感到压力巨大，韩三平于是和他开了个玩笑：“影片如果票房过亿，我就去黄浦江里裸奔。”

年轻导演信心倍增，果然不负众望，影片上映后一举跻身“亿元俱乐部”的行列。

他就是陆川，这部电影就是《南京！南京！》

韩三平发现的导演人才又何止是一个陆川！

还有一个初出茅庐的导演，拍摄了一部小投资的电影，找了很多家公司，但是都没有人看好，更没有人愿意发行，他又找到中影集团。

韩三平很忙，就把样片放在办公桌上，一星期过去了，韩三平也没空去看。

一天，韩三平约人谈事，等了好久也没来，就叫秘书把片子放来看看。看了40分钟，他眼前一亮，立刻叫人联系该导演面谈。

小导演战战兢兢地来见韩三平，韩三平说：“我决定买下你们的国内版权，同时我还要告诉你，这部影片赚的钱就是你下一部的成本。”

结果，这部没有大制作、大场面、大演员的影片为中影赚了900万元。

这位初出茅庐的导演叫宁浩，他的处女作就是《疯狂的石头》。

韩三平没有食言，又追加100万元，让宁浩拍了《疯狂的赛车》，卖了一亿两千万。

经韩三平发现并提携的导演还有很多，有人问他一双慧眼是如何修炼的，他笑答：“与其说我有一双慧眼，不如说是他们对事业的坚持和执著进入了我的视野。”

人生絮语：

陆川和宁浩的成功，韩三平功不可没，但贵人相助的前提是，这个人必须有值得扶助的资本。没有这个资本，即使有贵人相助，他也是一个扶不起的阿斗。

这个资本是才华，是执著，是一股坚持梦想的热情。

链接欧美的奇迹

140 年前，英国有个不甘寂寞的富翁，70 岁时突发奇想——他要在大西洋的海底铺设一条连接欧洲和美国的电缆。如果这个妙想实现了，其商业价值无法估量，但这个工程的浩大也是可想而知的。

这个名叫希拉斯·菲尔德的老人，想尽各种办法，终于说动了掌权者，从英国政府那里获得了资金。然而，这笔资金来得实在不容易，因为在英国议会的投票表决中，仅以一票之差通过。看来，菲尔德这个项目在起步时就注定多灾多难。

铺设工作开始了。电缆的一头搁在英国旗舰上，该舰停泊在塞巴斯托波尔港；另一头放在美国护卫舰上，这是由美国海军新造的豪华战舰。可是当电缆铺设到五英里的时候，却突然被卷到了机器里面，弄断了。第一次尝试宣告失败。

不得已，菲尔德又进行了第二次铺设。当电缆铺到二百英里长的时候，电线上的电流消失了，这证明电缆又断了。

他又重新购买了七百英里的电缆，并且请了最优秀的专家，买了最先进的机器来从事他的事业。遗憾地是，当七百英里长的电缆快要铺完时，电缆再次断了。

菲尔德的员工彻底泄气了，媒介和大众纷纷嘲笑菲尔德“异想天开”，那些投资者也没了信心，不愿继续向大西洋中“扔钱”了。

唯独菲尔德没有放弃，他用自己的口才说服了合作者，这项工作又得以开工。这次还算一切顺利，电缆铺设完了，并且电源正常。然而，就要峻工的时候，电缆上的电流又突然中断了。

此时，除了菲尔德和他的两个朋友外，几乎没人不感到绝望。但菲尔德和他的两个朋友始终抱有信心，正是由于这种坚持不懈的毅力，他们最终又找到了投资人，开始了新一次的尝试。

他们买来了质量更好的电缆，一路把电缆铺设了下去。一切很顺利，但在最后铺设横越纽芬兰六百英里电缆线路时，电缆突然又折断了掉入了海底。他们打捞了几次，但都没有成功。于是，这项工作就停了下来，一停就是一年。

一年之后，他又组建了一个新的公司来继续他的工作。1866 年 7 月 13 日，这项壮举终于完成了。菲尔德发出了第一份横跨大西洋的电报！电报内容是："7 月 27 日，我们晚上 9 点到达目的地，一切顺利。感谢上帝！电缆都铺好了，运行完全正常。希拉斯·菲尔德。"

希拉斯·菲尔德和他的同仁们铺设的电缆至今仍然被人们使用着。

人生絮语：

人生中有很多可能，只要你坚持，只要你努力，没有什么不可能。

"自杀未遂"的褒曼

英格丽·褒曼是著名的好莱坞明星，被称为"四十年代好莱坞的第一夫人"，由她主演的《卡萨布兰卡》、《真假公主》等影片成为好莱坞历史上的经典之作，而就是这样一位星光闪烁的明星，当年还曾动过自杀的念头。

18 岁那年，英格丽·褒曼的梦想是在戏剧界成名，但她的监护人奥图叔叔却要她当一名售货员或者公司的秘书，为此两人一直争吵不断。

最后，奥图叔叔答应给她一次参加皇家戏剧学校考试的机会，如果考不上的话就必须服从他的安排。

为了能考上皇家戏剧学校，英格丽·褒曼颇费了一番心思。她为自己精心准备了一个小品，表演一个快乐的农家少女，去和一个农村小伙子搭讪。她比小伙子还胆大，她跳过小溪向他走去，手叉着腰，朝着他哈哈大笑。

她反复认真地排练这个小品。另外，她还在考试的前几天，她给皇家剧院寄去一个棕色的信封，如果失败了，棕色的信封就退回来，如果通过了，就给她寄来一个白色信封，告诉她下次考试的日期。

考试的时候，英格丽·褒曼跑两步在空中一跳就到了舞台的正中，欢乐地大笑，接着说出第一句台词。

这时，她很快地瞥了评判员一眼，惊奇地发现评判员们正在聊天，相互大声谈论着，并且比划着。

见此情景，英格丽·褒曼非常失望，连台词也忘掉了，她还听到了评判团主席对她说："停止吧！谢谢你……小姐，下一个，下一个请开始。"

英格丽·褒曼听到这话后彻底失望了，她好像什么人也看不见、什么也听不见，在舞台上待了三十秒就匆匆下台。

她感到自己唯一能做的一件事就是去投河自杀。

她站在河边，准备结束自己的生命。当她的目光投到河面上时，发现水是暗黑色的，发着油光，肮脏得很。

此时，她猛然想到，等她死了以后，别人把她拖上岸，她身上会沾满脏东西，还得咽下那些脏水！

她又犹豫了："哦！这样绝对不行。"于是就放弃了自杀的念头，毅然回家了。

第二天，有人给她送去了白信封。

"白信封？是白信封！"褒曼觉得不可思议。但的确，她真的拿到了被录取的白信封。

多年后，已成为明星的英格丽·褒曼碰见了那位评判员。闲聊之际，她便问那位评判员："请告诉我，为什么在初试时你们对我那么不好？就因为你们那么不喜欢我，我曾经想去自杀。"

"不喜欢你？"那位评判员瞪大眼睛望着她。"亲爱的姑娘，你真是疯了！就在你从舞台侧翼跳出来，来到舞台上的那一瞬间，而且站在那儿向着我们

笑，我们就转身彼此互相说着：“好了，她被选中了，看看她是多么自信！看看她的台风！我们不需要再浪费一秒钟了，还有十几个人要测试呐！叫下一个吧！”

人生絮语：

许多人一旦遇到困难或挫折，难免沮丧，甚至陷入绝望。但梦想是支撑我们前行的力量之源，什么时候都不要放弃。只要生命还在，梦想总有实现的那一刻。

只会写26个字母的剑桥博士

1996年亚特兰大奥运会后，邓亚萍由时任国际奥委会主席的萨马兰奇提名，成为国际奥委会运动员委员会的一名委员。

国际奥委会在正式场合使用的官方语言是英语和法语，只会说中文的邓亚萍，只好每次会议都带翻译，翻译过来的语言难免滞后，常让她陷入尴尬。性格倔强的她告诉自己，如此重要的工作岗位，自己必须要胜任！

1997年邓亚萍退役，以英语专业本科生身份进入清华大学学习。

第一堂课英语老师问她：“你的英语水平是什么程度?”

邓亚萍嗫嚅道：“我能写出26个英文字母。”

在费了九牛二虎之力后，她总算写出了有些是大写、有些是小写的26个字母。

她不好意思地对老师说：“我现在只有这个水平，不过请老师放心，我一定会努力，也会赶上其他同学的!”

在当天的日记中她写道：“现在我是清华大学最差的学生，但我相信，过不了多久，我会成为清华最优秀的学生。”

但对于只上过小学二年级的邓亚萍来说，想要成为一名合格的大学生谈何容易？读书的清苦和孤独，虽然不同于球场的训练，但面对天书般的英文单词，她需要付出比别人多几倍的辛苦。以至于到后来，每天清晨起床，她都会发现枕头上有大把大把脱落的头发。

她在回忆这段生活时说："上学和打球完全是两码事，为了赶上课程，我就拼命地学，导致睡眠不足，上课总是犯困，眼睛老也睁不开，恨不得用根棍儿把眼皮撑起来。在打球时，我两眼视力都是1.5，毕业时，一只眼睛的视力已下降为0.6了。"

后来，邓亚萍不但以优异的成绩获得清华大学英语学士学位，而且获得了英国诺丁汉大学硕士学位。

一次，邓亚萍回清华看望英语老师，老师对她说："你现在的英语水平已经很不错了，但作为一名奥委会委员，还需进一步提高。国内的语言环境决定了你在英语水平上不会有大的提高，我看还得再把你扔出去一回，去剑桥大学读博士!"

上剑桥大学是邓亚萍做梦也没有想过的，老师的话禁不住让她心潮起伏，她要先去剑桥大学实地感受一下。

邓亚萍首次进入剑桥城时，恰逢剑桥大学举行毕业典礼，全城街道挤满了衣冠楚楚的人，他们是剑桥的毕业生和来庆贺的亲朋好友。不论男女，毕业生一律都是白衬衣、黑皮鞋。本科生披着白色的披风，博士们则是大红色的呢子上衣。

当校长宣布毕业典礼开始后，剑桥城里所有教堂的钟声同时响起，热闹的街道霎时庄严肃穆。

邓亚萍被眼前的场面深深打动，她足足看了一个钟头，对这些骄子充满了羡慕，自己心中也升腾起上剑桥读博士的熊熊心焰。

邓亚萍拿着清华老师的推荐信，迫不及待地拜见了剑桥大学校长艾莉森·理查德，把读博士的想法和盘托出。

理查德对她说："剑桥只招收最出色的学生，虽然你是世界顶尖级人物，但学术背景一定要过硬。当然，我们还会考虑别的因素，比如推荐信、个人求学计划、面试表现等等。如果能让萨马兰奇给你写封推荐信，那当然再好不过。"

邓亚萍觉得，让萨马兰奇写封信不算什么难事，但令她意外的是，萨马兰奇并不支持她上剑桥。萨马兰奇对她说："你已拥有两个学位，应该马上回国效力，而不是读什么剑桥博士。"

她诚恳地对萨马兰奇说：“请您放心，即使我读完剑桥博士，也绝对要回到我的祖国去，我上剑桥，是希望以后能更好地为我的祖国效力。”

萨马兰奇被邓亚萍的诚恳和决心所打动，为她写了推荐信。

这是一次难得的机会，又是一次艰难的起步。最初几个月，邓亚萍很难适应剑桥的环境，总有一种“云山雾罩”的感觉。她买了一辆自行车，第一天让房东领自己从出租房到学校走了一遍，第二天却怎么也找不到路了，只好边走边问到了学校。但她还是迟到了，受到老师的严厉批评。

邓亚萍拿出打球不服输的劲头玩命地学习，把研究方向定位为“2008 年奥运会对当代中国的影响”。而此时，作为国际奥委会委员，她一边要忙于北京奥委会的筹备工作，一边还要进行博士论文的准备。

2004 年春节假期，她为了赶写剑桥大学博士论文，放弃了与亲人团聚的机会，她买来一堆速冻饺子度过了假日。

朋友们劝她：“你得到了那么多令人羡慕的荣誉，不攻读剑桥博士学位，以后照样可以生活得不错。即使读学位也不必和自己较真，找个‘枪手’代笔写论文不也能过关吗?”

但是，邓亚萍说：“在你们眼里，我纯粹是自讨苦吃，我读博士绝不是为了‘镀金’，我既然上了剑桥，就绝不投机取巧走捷径，更不会弄虚作假！我盼望着那一刻，当我戴上剑桥博士帽时，剑桥大学城里所有教堂的钟声都为我响起来！”

2008 年 11 月 29 日，当剑桥大学校长理查德在学校礼堂前的草坪上亲自授予邓亚萍经济学博士学位，并为她戴上剑桥博士帽时，剑桥大学城内所有教堂的钟声顿时响彻天际。

在丈夫林志刚和两岁的儿子林翰铭以及当地朋友的陪伴下，邓亚萍按照剑桥的古老传统完成了全部仪式。那一刻，她泪流满面，哽咽着说：“在经历了 11 年的艰辛后，今天我终于圆了剑桥博士的梦，激动的心情绝不亚于夺得奥运会金牌。”

一次，邓亚萍应邀参加央视的访谈节目，有观众问她：“你是剑桥大学建校 800 年来唯一拥有世界冠军头衔的博士，支撑你实现这一目标的力量是什么?”

邓亚萍胸有成竹地回答道：“简单说就是四颗‘心’。首先是决心，在你有了一个目标或是方向之后，要坚定不移地朝着这个目标努力；其次是恒心，在努力的过程中势必遇到一些困难，但这就是人生，如果不能克服困难，你也上不了一个新台阶；再就是信心，最后离目标也许会差那么一点点，但一定不要丢掉信心；最后是平常心，不论结果如何，都要以平常心来对待。”

人生絮语：

从奥运会冠军到剑桥博士，邓亚萍又一次演绎了自己的神话。下决心去做，用恒心坚持，有信心迎难而上，以一颗平常心面对结果。在她实现梦想的过程中，“坚持”的信念一直贯穿始终，只要坚持下去，就会有奇迹。

“雷人”的简历

1809 年，他出生在寂静荒野上的一座孤独小木屋里。

1816 年，7 岁，全家被赶出居住地。经过长途跋涉，穿过茫茫荒野，找到一个窝棚。

1818 年，9 岁，年仅 34 岁的母亲不幸去世。

1826 年，17 岁，已经什么农活都能干了，经常帮人打零工。

1831 年，22 岁，经商失败。

1832 年，23 岁，竞选州议员，但落选了。想进法学院学法律，但没有成功。

1833 年，24 岁，向朋友借钱经商，年底破产。接下来花了 16 年，才把这笔债还清。

1834 年，25 岁，再次竞选州议员，竟然成功了。

1835 年，26 岁，定婚后即将结婚时，未婚妻死了。

1836 年，27 岁，精神完全崩溃，卧病在床 6 个月。

1838 年，29 岁，努力争取成为州议员的发言人，没有成功。

1840年，31岁，争取成为被选举人，但落选了。

1843年，34岁，参加国会大选，又落选了。

1846年，37岁，再次参加国会大选，他终于赢了一次。

1848年，39岁，寻求国会议员连任，失败了。

1849年，40岁，想在自己的州内担任土地局长，被拒绝了。

1854年，45岁，竞选参议员，落选。

1856年，47岁，在共和党的全国代表大会上争取副总统的提名，得票不到100张。

1858年，49岁，再度参选参议员，再度落选。

1860年，51岁，当选美国总统。

自己对自己的总结：家境贫寒，母亲早亡，孤苦奋斗，厄运不断。两次经商两次失败，11次竞选8次失败。为此也曾经心碎过、痛苦过、崩溃过。有好多次都绝望之极，担心自己会不能再爬起来。

自己对自己的评价：虽然心碎，但依然满腔热情；虽然痛苦，但依然镇定自若；虽然崩溃，但依然信心十足。因为坚信，对付屡战屡败的最好办法，就是屡败屡战，永不放弃。

他就是林肯，美国第16任总统，一个令全世界都为之叹服的伟人。

林肯用自己的一生诠释了什么是坚持：对付屡战屡败的最好办法，就是屡败屡战、永不放弃。

只要还有希望，就不要放弃！

胖又能怎样

女孩生性直率而又倔强，因为喜欢唱歌，她每天要唱十几个小时，家人喊她吃饭，也无法让沉浸在音乐中的她“醒”过来。

音乐资质出众的她音域像大海般宽广，嘹亮的高音仿佛雄鹰在天空中翱翔。当兵时，她满以为自己能当个文艺兵，但最终只当了一个通讯兵。

没有人否认她的音乐才华，没有人能够忽略她动听的歌声，但大家更愿意当听众，而不是当她的观众，这一切都是因为，她太胖了，长相也不甜美。

在偶像派走红的那个年代，几乎所有人都把目光瞄向了那些有着魔鬼身材和天使脸蛋的歌星，没有人愿意给她提供上场唱歌的机会。虽然她唱得远比那些所谓的歌星要好得多，胖身材却成了她演艺生涯中的致命伤和“挡路石”，也成了她心中拂之不去的隐痛。

她尝试过减肥，但减来减去，没有成功。后来她想：胖就胖吧，我就是要继续唱歌，总有一天，观众会接受我。

决心已定，背后的坚持才真正磨炼人的意志。岁月轮回，花开花落，几年间，她高亢的歌声从未停歇。

她的坚持为她赢得了机会。上个世纪 90 年代初，香港艺人柯受良来到内地进行飞越长城和黄河的表演，她有幸参加了一次试飞期间的文艺演出。

柯受良发动车准备试飞的时候，突然停了下来，他听到有人在唱歌，歌声辽远清亮，非常有感染力。

他转身问身边的工作人员：谁在唱歌?

有人告诉他，是一个不出名的歌手。

柯受良说：“她的歌声很有震撼力，给了我勇气和力量……”

就这样，她得以成为柯受良正式飞越时的一名参演歌手。

也正是在那场万众瞩目的飞越中，她有幸结识了央视的一名导演。在导演引荐下，她见到了主持人张越——一位同样身材臃肿但内秀、卓越不凡的女人。

张越慧眼识珠，为她的才华所折服，在张越的邀请下，她在 1997 年参与了那年的《半边天》节目，但看到“不要为你的相貌发愁”的题目时，内心坚强、自信而又敏感的她一度非常尴尬，想要退出。但碍于情面，她还是硬着头皮完成了那期节目。

那期节目之后，她由此声名鹊起，被广大电视观众所熟知。

她的人生由此发生了巨大的转变，1998 年，她的第一张个人专辑《雪域光芒》一经面世就一炮走红，其主打歌《家乡》和《雪域光芒》在各流行音

乐排行榜上独领风骚。接着，她又先后演唱了《青藏高原》、《美丽的神话》等经典歌曲，她事业渐渐有了起色。

如今，她的名字大家已经耳熟能详，她的歌声已经飞遍了五湖四海，被人们广为传唱。韩红——凭借自己的超强实力、坚忍不拔和不懈努力演绎了一个丑小鸭变成白天鹅的童话。

人生絮语：

有些东西是我们所不能改变的，比如出身、相貌，但我们可以改变自己的生活态度，用我们坚持不懈的努力，把这些劣势的影响降到最低。

不要让一些微不足道的困难阻碍你前进的脚步，将自己的梦想坚持下去，就会成功。

坚持到底的菲亚特

FIAT是意大利都灵汽车制造厂的英文缩写，中文翻译为“菲亚特”。在百余年的创业史中，菲亚特公司历尽了艰辛坎坷，但是，这家公司始终没有放弃，并且越挫越勇，才取得了今天的成就，成为世界十大汽车公司之一。

菲亚特的创始人老阿涅利刚办厂时，遭到了许多经济学家的反对。这些经济学家对他说：“汽车只是少数贵族人家的奢侈品，没有前途。”但老阿涅利却毫不动摇，仍然坚持办厂，遇到挫折也不放弃。

到了1914年，第一次世界大战爆发了，菲亚特不得不转产为战争服务，生产飞机、机关枪、航空发动机等军工产品。战争使意大利的经济受到了沉重打击，菲亚特的生产设施也受到严重的破坏。

但是，老阿涅利并没有就此放弃。战争一结束，菲亚特就推出了紧凑型轿车。这种轿车因为其小巧、便宜，一直广受大众欢迎。与此同时，菲亚特还推出了它的第一辆拖拉机。

1939 年爆发了第二次世界大战，菲亚特再一次全面转产为战争服务，战争使意大利的经济受到了沉重打击，菲亚特的生产设施也受到了严重的破坏。这对老阿涅利来说，又是一次重创。

但是，老阿涅利仍然坚持不懈。战后意大利经济复苏，菲亚特也飞速发展。

到了上个世纪 70 年代初期，西方爆发了能源危机，汽车工业更是难逃厄运。阿涅利并没有被打倒，而是越挫越勇，始终坚持不懈地研究如何改良车型。最终，研发了针对能源短缺问题的低油耗车，使得菲亚特以价格优势战胜了对手。

发展到今天，菲亚特公司已经有 2000 多万辆汽车在意大利的国土上奔驰，还有更多的车辆则驶入了其他国家，跑遍了世界的各个角落。

乔瓦尼·阿涅利在 1966 年继承家业的同时，也继承了他祖父老阿涅利越挫越勇的奋斗精神。正是凭借这种坚持不懈的精神，才能让菲亚特有了今天的成就。

请不要在挫折面前成为懦夫，奋勇向前，坚持到底，你也一定能够做出一番成就。

高原上的三根火柴

1976 年 7 月的一天，他带着 3 个队员到青藏高原尺曲河一带进行地质考察。

事先没有一点征兆，一场暴风雪突如其来地降临。顿时，刚刚还晴空万里的天气，瞬间被暴风雪搅得天昏地暗，他们找了一个避风的掩体，几个人抱在了一起。

暴风雪停止了，他们发现迷失了方向。黑暗中，他们手牵着手，一步一

步摸索着向前走。

有人开始大声喊叫，希望不远处有人，并引起他们的注意。可是，这一切都是徒劳的。最后，他们再也喊不动，再也走不动了。高原稀薄的空气让本来体力就透支的他们呼吸更加困难。

这时，他让队员们暂时停一下。他们开始盘点身上的东西，有一包烟，一个火柴盒，里面只有 3 根火柴，一个手电筒。

他刚想带着队员继续行走时，突然感觉到脚下有一个东西。捡起来一看，是个水壶。他心里一惊，全身冷汗直冒——他们又回到刚才避风的地方了。但是，他却不动声色，说，我们在这里不要走了，等人来救援吧。

两天过去了，他们就这样等待着。

大本营里人们预感到他们出事了，急忙组织人分头寻找。人们打着火把，顶着夜色，在空旷的荒原里含着眼泪焦急地高喊着他们的名字。

他们几个人已经饿得累得筋疲力尽了，听到了远处同事的呼喊声，他们张大嘴巴，却喊不出声音来回应他们。有人打开手电筒，希望引起救援人们的注意，可是，那微弱的灯光闪了几下后，就消失在了黑夜中。接着，有一个人说，我们还有火柴，我来点着它。

此时，他却出人意料地制止了。

“为什么?”大家不解。

他没有力气解释。

时间又过去了 6 个多小时，不远处传来讲话声。此时，他示意队员点燃那最后的希望——3 根火柴。黑暗中，那火柴如同一个个萤火虫，那么的显眼。救援人们发现了他们，他们得救了。

他们就是青藏铁路建设大军中 4 个重要的科技人员，其中那个直到最后才允许点燃火柴的人，就是青藏铁路建设总指挥部专家咨询组组长张鲁新。

在 30 年后的今天，张鲁新在谈到那次传奇的经历时，他说：“那时我们已经没有任何力气，所有的希望就只有那 3 根火柴了。第一次有人要点燃时被我制止了，因为我发现救援的人们手里都拿着火把，在强烈的光源下，他们怎能发现我们这微弱的火柴光？幸好，我们没有用，保留了最后的希望。我知道，救援人们一定还会回来的，回来的时候，他们手中的火把一定会被烧光，那样，我们的 3 根火柴在黑夜中的力量就是无穷的。接下来，我们要做的就是等待，就是要沉住气。事实上，我的猜测是正确的，我们获救了。”

"机会永远留给那些能沉得住气的人!"最后，张鲁新这样说。

人生絮语：

在生死攸关的危急关头，唯有坚持才能赢得生存下去的机会，不要急躁，不要慌张，机会永远留给那些能沉得住气的人。

一支笔打天下

16岁，她念初中，惧怕物理，物理成绩总是不好。物理老师大怒，命她举着自己的考试卷子，在班上游走。

一圈一圈走下来，她的自尊，被碾成碎末。从此，她怕了上学，收拾书包走人。

说起这段往事时，她是笑着的，她的笑容，一直很灿烂，别人却听得心疼。想起三毛，同样的境遇，三毛的数学考试不及格，老师在她脸上用毛笔画了圈，让她站在教室外的走廊上示众。结果，三毛从此患了自闭症。

她不同，她的性格里，更多的是果敢。小小年纪的她，去饭店给人端盘子，这一端就是一年，期间她积累了丰富的生意经。适逢家乡新建开发区，她在开发区租了房，自己开店。小店经营得红红火火，引起了当地电视台的注意，电视台特别报道了这个自强不息的小姑娘。她的人生，如果沿着这条路走下去，肯定会花开繁盛。

可是，她偏偏爱好文学，只念过初中，却拿起笔来写小说。她前后花费4年时间，写出了第一部长篇小说《多梦季节》。

这一年，她20岁。

她把写好的小说寄给一家出版社，心里没抱太大希望。她觉得这只是完成了自己的一个心愿而已，结果是什么并不重要。

令她没想到的是，不久之后，出版社打来电话，说她的稿子过了终审，

准备出版了。编辑得知她仅仅是个初中毕业的小姑娘时，都惊诧万分。

惜才的编辑问她："你愿意一辈子就待在一个小地方吗，想不想走出你的家乡，出去看看?"

她第一次慎重地考虑将来。"将来的我会是什么样呢，也许我会成为腰缠万贯的商人，嫁一个男人，安稳地过一生。也可能……"

但她知道，她的梦想不是这些，她决定为梦想孤注一掷。在出版社的推荐下，她只身一人去了鲁迅文学院学习，这时，前途对她来说，是个未知数。

在鲁迅文学院的日子，她没日没夜地读书、写作，又写出了一部长篇小说《雨后的阳光》，并被出版社隆重推出。

这样安静无忧的日子很快被打破，她毕业了，摆在面前的，是很现实的生存问题。一个初中毕业的女孩子，要想在北京城捡拾她的梦想，困难可想而知。再加上这时的她，囊中羞涩，当初开店所赚的钱，除去上学所用，已所剩无几。

去还是留，已是无可回避的一道选择题。若回去，她可以再创生意的辉煌。但最终，她选择了留下。

几番碰撞之后，她硬是凭着一股闯劲儿，进了媒体圈，做了一名娱乐记者。后来，她应聘到一家报社做编辑、记者，成了报社很厉害的一支笔，并出版了自己的教育专著。

她就是解淑萍，又名解小邪的小女子，她用不懈的努力和坚持，终于实现了自己最初的梦想。

人生絮语：

人生的差距固然存在，但正是在弥补差距的过程中，我们懂得了拼搏的含义，也增强了自我生命的张力。

为梦想插上飞翔的翅膀，努力和坚持的双翼，会带你飞向想要达到的远方。

成功并不像你想象的那么难

1965 年，一位韩国学生到剑桥大学主修心理学。在喝下午茶的时候，他常到学校的咖啡厅或茶座听一些成功人士聊天。这些成功人士包括诺贝尔奖获得者、一些领域的学术权威和一些创造了经济神话的人。这些人幽默风趣，举重若轻，把自己的成功都看得非常自然和顺理成章。

时间长了，他发现，在国内时，他被一些成功人士欺骗了。那些人为了让正在创业的人知难而退，普遍把自己的创业艰辛夸大了，也就是说，他们在用自己的成功经历吓唬那些还没有取得成功的人

作为心理系的学生，他认为很有必要对韩国成功人士的心态加以研究。1970 年，他把《成功并不像你想像的那么难》作为毕业论文，提交给现代经济心理学的创始人威尔·布雷登教授。

布雷登教授读后，大为惊喜，他认为这是个新发现，这种现象虽然在东方甚至在世界各地普遍存在，但此前还没有一个人大胆地提出来并加以研究。

惊喜之余，他写信给他的剑桥校友——当时正坐在韩国政坛第一把交椅上的朴正熙。他在信中说，“我不敢说这部著作对你有多大的帮助，但我敢肯定它比你的任何一个政令都能产生震动。”

果然不出所料，这本书在韩国引起了巨大的轰动，也鼓舞了许多人，因为他们从一个新的角度告诉人们，成功与“劳其筋骨，饿其体肤”，“三更灯火五更鸡”，“头悬梁，锥刺股”没有必然的联系。

只要你对某一事业感兴趣，长久地坚持下去就会成功，因为上帝赋予你的时间和智慧够你圆满做完一件事情。后来，这位青年也获得了成功，他成了韩国泛业汽车公司的总裁。

知道自己要做什么，怎么去做，并矢志不渝地坚持下去，你就会发现，其实，成功并不像你想象的那么难。

等候藏羚羊

有这样一幅新闻摄影作品：一列火车飞驰在青藏铁路大桥上，底下有一群藏羚羊横穿而过，前后排成一条纵队，与头顶上呼啸而来的火车形成直角。

对照鲜明，静中有动，无声的画面给人以强烈的视觉震撼；铁路、风驰电掣的火车、欢快奔跑的藏羚羊，各取其道互不干扰，人与动物的和谐共处，在方寸之间被表达得淋漓尽致，令人拍案叫绝。

这是“《影响 2006》CCTV 年度新闻图片”的获奖作品之一，题为《青藏铁路为野生动物开辟生命通道》，作者是《大庆晚报》的摄影记者刘为强。

早在青藏铁路设计之初，设计者就充分考虑了环保课题，为了保障沿途藏羚羊等珍稀野生动物的正常生活、自由迁徙和繁衍，青藏铁路沿线共设置了 33 处野生动物通道。

2006 年 6 月 23 日，一列试运行的火车驶过青藏铁路野生动物通道——五北大桥，与此同时，一批迁徙的藏羚羊从桥下经过，这一美妙和谐的瞬间，被刘为强手中的镜头定格了。

作品的摄影技巧无可挑剔，但换了别人恐怕也不难做到，难就难在，并非谁都能遇上这种千载难逢的好机会，摄影者要与火车、藏羚羊同时出现在同一地点。尤其是火车与藏羚羊，二者不仅毫不相干，而且随时都在高速跑动，总不能让它们都乖乖地停下来给人拍吧？

刘为强无疑是幸运的，占尽天时地利，这幅作品的产生几乎是个奇迹，获奖当属意料之中的事。

但在颁奖典礼上，刘为强的一段对话，却令人们感慨不已：奇迹的出现绝不是天赐的。

主持人问他："你看这张照片，在海拔四五千米的无人区，你和火车、藏羚羊，出现在同一个时间和空间的几率有多大？"

刘为强回答说："用摄影的语言说这是一个瞬间，很短很短，因为藏羚羊生性特别胆小，即使人离得很远的情况下，它也早已跑掉了。我拍这张照片的时候，在前面挖了一个掩体，有半米多深。我潜伏在掩体中，上面再盖上东西，所以藏羚羊才能有幸从对面冲到我的镜头跟前，实际上藏羚羊经过的时候大约也就是几秒钟，但是我在掩体中等了8天8夜！"

主持人又问："当你等到第7天的时候，怎么知道第8天藏羚羊一定会来？如果第8天还不来，第10天还不来，你怎么办？"

刘为强不假思索："我还会等下去，实际上我也知道，就是等到8天，甚至等到18天也不一定能等到这个瞬间，但是作为一个记者，我就应该坚守在那儿，就是为一个美好的瞬间，我可以等，别说是8天、18天，28天我也会等……"

原来所谓的"奇迹"并非妙手偶得，而是势在必得，在那一瞬间来临之前，有可能是永无止境的默默追求！

人生絮语：

当一夜成名、一日暴富的故事在我们身边一再上演时，人们总是习惯称之为奇迹，然后津津乐道，感叹别人有这么好的运气。可我们应该明白，世上没有哪个人创造奇迹是依靠瞬间的，忽然的事情从来未曾忽然过。

1850 次拒绝

在美国，有一位穷困潦倒的年轻人，即使在身上全部的钱加起来都不够买一件像样的西服时，仍全心全意地坚持着自己心中的梦想，他想做演员，拍电影，当明星。

当时好莱坞共有 500 家电影公司，他不止一遍地逐一数过。后来，他又根据自己认真划定的路线与排列好的名单顺序，带着为自己量身定做的剧本前去拜访。

但第一遍下来，所有的 500 家电影公司中，没有一家愿意聘用他。

年轻人没有灰心，从最后一家被拒绝的电影公司出来之后，他又从第一家开始，继续他的第二轮拜访与自我推荐。

在第二轮的拜访中，500 家电影公司依然拒绝了他。

第三轮的拜访结果仍与第二轮相同。

这位年轻人咬牙开始他的第四轮拜访。到这时，他已经被拒绝了 1850 次，但他没有放弃。

当拜访完第 349 家后，他鼓起勇气走进了第 350 家电影公司。

公司老板破天荒地答应愿意让他留下剧本先看一看。几天后，年轻人得到通知：公司请他前去详细商谈。

就在这次商谈中，这家公司决定投资开拍这部电影，并请这位年轻人担任自己所写剧本中的男主角。

凭借在电影中的出色表演，这位年轻人一举成名，他就是好莱坞明星席维斯·史泰龙。

人生絮语：

一次次地拒绝，一次次地重新开始。1850 次的失望，1850 次的奋起。为了抓住这一次改变命运的机会，千百次的拒绝算得了什么！

把愿望保持 50 年

有个叫布罗迪的英国教师，在整理阁楼上的旧物时，发现了一叠练习册，它们是皮特金幼儿园 B（2）班 31 位孩子的春季作文，题目叫：未来我是……

本以为这些东西在德军空袭伦敦时早已被炸毁了，没想到，它们竟安然地躺在一只木箱里，并且一躺就是 50 年。

布罗迪随手翻了几本，很快被孩子们千奇百怪的自我设计迷住了。比如有个叫彼得的小家伙说，未来的他是海军大臣，因为有一次他在海中游泳，喝了大约三升海水都没被淹死；还有一个说，自己将来必定是法国总统，因为他能背出 25 个法国城市的名字，而其他同学最多只能背出 7 个。

最让人称奇的是一个叫戴维的小盲童，他认为，将来他必定是英国的内阁大臣，因为在英国还没有一个盲人进入内阁……

总之，31 个孩子都在作文中描绘了自己的未来，有想当驯狗师的、有想当领航员的、有要做王妃的——五花八门，应有尽有。

布罗迪读着这些作文，突然产生了一个想法——何不把这些练习本重新发到同学们手中，让他们看看现在的自己是否实现了 50 年前的梦想？

当地一家报纸得知布罗迪的这一想法，就为他发了一则启事。没几天，书信从各地向布罗迪飞来。他们中间有商人、学者及政府官员，更多的是没有身份的人，他们都表示，很想知道自己儿时的梦想，并且很想得到自己当年的作文簿。

布罗迪按地址一一给他们寄去了练习册。

一年后，布罗迪身边仅剩下一个作文本没人索要。他想，这个叫戴维的盲孩子也许死了，毕竟 50 年了，什么事都可能发生。

就在布罗迪准备把这个本子送给一家私人收藏馆时，他收到内阁教育大臣布伦克特的一封信。

他在信中说："那个叫戴维的人就是我，感谢您还为我们保存着儿时的

梦想。不过我已经不需要那个本子了，因为从那时起，我的梦想就一直珍藏在我的脑子里，没有一天忘记过。50 年过去了，我已经实现了梦想。今天，我还想通过这封信告诉其他的同学，只要不让年轻时的梦想随岁月飘逝，成功总有一天会出现在你面前。”

布伦史特的这封信后来发表在《太阳报》上，他作为英国第一位盲人内阁大臣，用自己的行动证明了一个真理：谁能把 3 岁时想当总统的愿望保持 50 年，那么到那时，他一定就是总统了。

许下愿望并不难，难的是将它坚持下去。如果我们能将一个愿望坚持 50 年，并矢志不渝地为实现这个愿望而努力，我们就一定能够成功。

你有毅力将一个愿望保持 50 年吗？

“我看见了自己的骨头”

1895 年 11 月 8 日下午，德国沃兹堡大学的教授伦琴像平时一样，还在实验室里专心做实验。

他先将一支克鲁克斯放电管用黑纸严严实实地裹起来，然后把房间弄黑，接通电源，检查黑纸有没有漏光，一切正常。

他截断电流，准备开始做实验。可就不经意间的，他觉得眼前忽然闪过一丝绿色荧光，再一眨眼，却又是一团漆黑了。

刚才放电管是用黑纸包着的，荧光屏也没有竖起，怎么会出现荧光呢？他想，一定是自己整天在暗室里观察这种神秘的荧火，产生了错觉。

于是，他又开始重复做放电实验，但神秘的荧光又出现了，随着感应圈的起伏放电，这道绿光就像夜空深处飘来的一小团淡绿色的云朵，在躲躲闪闪地运动。

伦琴大为震惊，他一把抓过桌上的火柴，“嚓”的一声划亮。原来，离工作台近一米远的地方立着一个亚铂氰化钡小屏，荧光是从那里发出的。

但是阴极射线绝不能穿过数厘米以上的空气，怎么能使这面在将近一米外的荧光屏闪光呢？

莫非是一种未发现的新射线？这个想法让他激动不已。这时的他，已经50岁了，他在这间黑屋子里无冬无夏、不分昼夜地工作，苦苦探寻自然的奥秘，可是总窥不见一丝亮光。

“难道这一点荧光正是命运之神降临的标志吗？”他兴奋地托起荧光屏，一前一后地挪动位置，可是那一丝绿光一直都在闪烁。

“看来这种新射线的穿透能力极强，与距离没有多大关系。那么除了空气外它能不能穿透其他物质呢？”

伦琴抽出一张扑克牌，挡住射线，荧光屏上照样出现亮光。他又换了一本书，荧光屏虽不像刚才那样亮，但照样发光。他又换了一张薄铝片，效果和一本厚书一样。他再换一张薄铅片，却没有了亮光。

“铅竟能截断射线！”伦琴兴奋极了，这样，他不停地更换着遮挡物，他几乎试完了手边能摸到的所有东西。

“现在可以肯定这是一种新射线了，可是它到底有什么用呢？我们暂时又该叫它什么名字呢？真是个未知数，好吧，暂时先叫它“X射线。”伦琴想。

一连几个星期，伦琴突然失踪，课堂上、校园里都找不见他。他一起床就钻进实验室，甚至连饭都顾不上吃。

伦琴终日将自己关在实验室里，他找来所有能找到的东西，把它们放在神秘的射线前测试，详细地记录下距离和荧光的亮度，他一定要揭开“X射线”的神秘面纱！

可是，厚厚一叠数据看起来毫无规律。

“难道这种射线一点用处都没有吗？不可能，自然界的一切都有它独特的作用，它一定也有，只是人类还没有认识它。”

忽然，伦琴的脑中犹如灵光闪过：还没有测试过“X射线”对人体的作用！

伦琴几乎没有犹豫就把手伸向了射线。奇迹出现了，荧光屏上显出五根手指骨的影子。

伦琴一拍额头：这家伙能穿过人的血肉，也许这正是它的用途呢，他赶紧用照相机拍下了手骨的照片。

1895 年年末，伦琴将这项研究成果整理成一篇论文《一种新的射线，初步报告》，送给了沃兹堡物理学医学学会。

伦琴发现的 X 射线成为 19 世纪 90 年代的物理学上的三大发现之一，为此他于 1901 年获全世界首次颁发的诺贝尔物理学奖。

人生絮语：

做事不仅需要细心，还要有坚持下去的毅力。偶然的事情其实都是坚持下去所必然发生的事情。

“描绘我所感受到的东西”

米勒从偏僻的农村来到繁华的巴黎，为了换钱吃饭，他只能画最畅销的裸体画。

一天晚上，他孤独地踯躅于巴黎街头，在一个明亮的橱窗前，他听到两位青年在议论着陈列在这里的一幅少女裸体画。

“这幅画糟糕透了，简直令人厌恶。”

“是啊，米勒画的，他是个除了裸体女人，什么也画不出来的人！”

他回到家中，痛苦地对妻子说：“我决定今后不再画裸体画了，即使生活将会变得更苦，又有什么办法呢？我已经厌恶巴黎，我想回到农村去，住到农民中间去！”

米勒很快移居到巴黎附近的巴比松。在这里，他用自己烧的木炭画素描，靠朋友的接济度过最困难的日子，还要经常对付资产阶级文人学士在艺术上对他的诋毁和攻击。

但是，他始终没有动摇，坚持表现农民题材，他画的《播种》、《拾穗者》、《扶锄的人》等都是世界美术史上十分著名的作品。

巴比松风景优美，附近就是枫丹白露森林，后来一群画家聚集到这里，形成了著名的巴比松画派，米勒是这个画派的领军人物。

这位享有“农民画家”之誉的法国现实主义艺术大师说过：“我生来是一个农民，我愿意到死也是一个农民，我要描绘我所感受到的东西。”

人生絮语：

在潮流面前，我们应该保持清醒的头脑，有时候你的能力并不适合在目前的潮流里打滚。看清自己的特长和兴趣，找准发展的方向，并始终如一地坚持下去，一定会梦想成真。

第 10 章

走出死胡同

据说，美国有一家大型百货公司，门口的广告牌上写着：无货不备，如有缺货，愿罚10万。

一个法国人很想得到这10万元，便去见经理，开口就说："潜水艇在什么地方?"

经理领他到18楼，当真有一艘潜水艇。

法国人又说："我还要看看飞船。"经理又领他到10楼，果然有一艘飞船。

法国人不肯罢休，又问道："可有肚脐眼生在脚下面的人?"他以为这一问，经理一定会被难住。

经理果然抓耳挠腮，无言以对。

这时，旁边的一个店员应道："我做个倒立给他看看!"

※　　※　　※

有时候，走出死胡同就这么简单，思维一转，即海阔天空。

放弃那7%

美国保险巨头法兰克·毕吉尔刚从事保险业的时候，事业曾经一帆风顺，出色的推销能力，让他在这个行业里如鱼得水。

正当他充满激情，对未来充满抱负，渴望在保险业里大展身手时，他却遭遇了自己从业以来的第一个工作“瓶颈”问题，并被它牢牢困住。

他想让自己的业绩得到迅速的提升，于是他开始起早贪黑地出去跑业务，并使出浑身解数说服客户购买他推荐的保险。为了争取到每一个可能成交的业务，他经常要几次三番登门拜访。

可令他沮丧的是，一切的努力却收效甚微，他的业绩并没有比原来有多大的提高。

那段时间他异常沮丧，整天郁郁寡欢，对前途丧失了希望，甚至想要放弃这个充满挑战的工作。

一个周末的早晨，从噩梦中醒来，他决定认真思考问题产生的原因以及解决问题的办法。

他不断地问自己：为什么最近自己会那么忧郁？问题到底出在什么地方？这里面到底隐藏着什么奥秘呢？

平日里工作的情景很快闪现在他的脑海里：许多时候，在他多次登门拜访、百般努力下，客户终于答应下来购买他的保险。但在最后关头，客户常常反悔，并说：“让我再考虑考虑，下次再谈吧。”这样，他最终不得不沮丧地离开，再花时间去寻找新的客户。

怎样才能更快地将自己从沮丧中拯救出来呢？他在飞快地思考着。

为了尽快揭开谜团，他开始随手翻阅自己一年来的工作笔记，并进行细致深入的研究，希望从中能够找到答案。

很快，他就发现了问题的症结所在，一个大胆的念头在他脑海里闪现，令他自己都有些震惊。

之后的日子里，他一改往日的工作方法，开始采用新的推销策略进行工作。结果令他大吃一惊：他创造了一个奇迹——在很短的时间内，他把平均每次赚 2.70 元钱的成绩，迅速提高到了 4.27 元。当年，他新接进的保险业务第一次突破百万美元大关，这在业界引起了巨大的轰动。

凭借自己出色的业绩和独特的推销策略，法兰克·毕吉尔迅速成长为保险业的巨头。

后来，法兰克·毕吉尔向世人公开了自己成功的秘诀。

原来，当年他在自己的工作日志中发现了这样一组奇特的数据，从而改变了他对工作的认识：在他一年所卖的保险业绩中，有 70%是第一次见面成交的，有 23%是第二次见面成交的，只有 7%，是在第三次见面以后才成交的。而实际上，他花费在那 7%业务上的时间，几乎占用了他所有工作时间的一半以上。

他采取新的推销策略就是，果断放弃那 7%的利益，不再为它的诱惑所动。这样，他就可以腾出大量时间用于新业务的拓展。

于是，他成功了。

人生絮语：

在经济学中有一个著名的“二八定律”——在一件事物中，起决定作用的只占事件的一小部分，约 20%，其余 80%的尽管是多数，却是次要的。

这个定律同样可以用来解释很多社会学问题，比如在确定奋斗目标的时候，我们应该弄清楚，最关键的事情是什么，哪些事情是微不足道的。只有放弃微小的利益，抓住重要的部分，才能集中精力把事情做好。

我们要像毕吉尔那样，果断放弃你人生中不重要的 7%，就能走出死胡同。

你与之交往的人就是你的未来

25岁时，由于学历低，没技术，他在一家中外合资的大公司里做装卸工，月工资只有600元。

一个偶然的机会，他听了成功大师陈安之的演讲。陈安之说："选择与你关系最好的6个朋友，记下他们的年收入，然后算出他们的平均值，这就是你的年收入。想成功就必须更新身边的朋友圈，每一次更新，你的境界就会提高一个档次，你离成功也就近了一步……"

短暂的演讲让他震撼不已，"与自己关系最亲密的朋友都是什么人呢?"

"与他6个关系最密切的朋友，有3个与他一样是装卸工，另外3个分别是邻厂的杂工、门卫和一个清洁工。"这个现实让他惊呆了。

他记住了陈安之的话，决定开始更新自己的朋友圈。

于是，在以后的工作和生活中，他首先选择了公司的球磨工、热风炉工作为交朋友的对象，从他们身上，他学到了操作球磨机和热风炉的技术。

一次，公司从法国引进两台高效量式球磨机，需增加两名技工，朋友们向公司推荐了他。就这样，他脱离了装卸工的行列，做了一名技术工人，月薪达到2000元。

初次的成功让他高兴不已，随后，他又选择了技术难度较大的电工、工艺设计、配釉和窑炉技术员作为下一步交朋友的对象。再后来，他又和公司的高级设计师成了好朋友。

就这样，他一步步前进，最终成为公司少有的全能技术人才。公司将他调到技品部，担任陶瓷工艺技术员，月薪提高到8000元。

再次成功的他，决定把公司的高层领导作为下一步交朋友的对象，在一次总经理的生日宴会上，他的大胆和机智让总经理对他有了印象，就这样，他与公司高层领导接触的机会也多了起来。

一次，中国国际陶瓷交易大会在淄博市举行，总经理点名让他随同参加，他又抓住了机会，预测到未来几年将流行"瓷质仿古砖"，并建议公司上马此项目。

这个项目上马一年后，“瓷质仿古砖”成为最热门的产品，来自十多个国家的六十多家采购商纷纷要求订货，这个项目给公司带来了巨大的经济效益。

鉴于他的成绩和工作能力，最终，公司决定任命他为集团副总经理，负责技术革新，年薪100万元，并给予1%的公司股份。

他就是淄博市华瑞建筑陶瓷集团副总经理，31岁的蔡治国。

人生絮语：

孟子之所以能成为古代著名的思想家，和“孟母三迁”关系极大，在一个良好的成长环境中，人们能接触到对自己的前途有益的人，并受到他们潜移默化的影响，最终也能成就自己。

现实中有很多人跟起初的蔡治国一样，总是没有走出自己的圈子，以至于没有什么发展。其实，成功往往就在于适时地走出你的圈子，走出没有发展的死胡同。

在梦想之地沦为配角

杰克和迪曼都是德国人。他俩从小就热爱歌唱，在家乡的酒吧里，两人一起开始了演唱生涯，并很快成为挚友。

在酒吧唱了几年，他们偶尔也会被当地的电视台请去助场，在家乡小有名气，颇受观众欢迎。可是，两个人都不满足于现状，他俩都希望有一天能去柏林，站在令世人瞩目的神圣殿堂——国家歌剧院的舞台上演出。

机会终于来了，柏林国家歌剧院面向全球招聘签约歌唱演员，杰克和迪

曼马上去报了名。他俩互相鼓励，信心勃勃。

经过几轮选拔，迪曼如愿成为柏林国家歌剧院的一名签约演员。而杰克落选了，他无比沮丧地离开了。

两人的命运似乎就此不同，但事实并非人们预想的那样。

迪曼踌躇满志地走进了柏林国家歌剧院，仿佛看见幸运女神的微笑照耀着自己光明的前途。

起初，他对一切都充满了敬畏和好奇，近距离地接触那些大师，更让他激动不已。

他和一同招入的几十名年轻人，被安排在合唱团，主要工作是为大师们的歌剧伴唱。虽然几乎没有什么露脸的机会，甚至在和谐动听的合唱声中，他几乎听不见自己的声音，但迪曼坚信，通过自己的努力，他一定能够成为一部歌剧的主角。

迪曼勤奋刻苦，也很谦逊好学。其实，合唱团的每一位青年都是如此，怀揣着瑰丽梦想来到这里。

但几年过去了，他们中只有寥寥几位被挑了出来，成了歌剧的签约主角，更多的人和迪曼一样，仍然是合唱团的普通一员。

艺术总监遗憾地告诉他们，主角永远只有区区几位，更多的人，只能当配角。

此时，自认星途黯淡的杰克，却意外地崭露头角。凭借经验、实力和独特的忧伤气质，杰克成为大名鼎鼎的歌唱演员，活跃在全国各地的舞台上。每到一处，他都会引起欢呼和掌声。

杰克曾经力邀迪曼回到他们的二人组，共同打拼。迪曼拒绝了，好不容易站在了艺术巨匠的身边，他舍不得放弃这一切。

著名华人歌唱家莫华伦，也曾经是柏林国家歌剧院的签约演员，主演过多部著名歌剧。

有一次，在接受电视采访时，他说，“柏林国家歌剧院确实荟萃了众多著名歌唱家，可是，能报出名字的，永远只是可数的几位，绝大多数优秀的歌唱演员只能沦为配角，一生为别人伴唱。其实，一个大师荟萃的地方，最容易埋葬一个人的才华。”

走进大师荟萃的地方，并不表示你也能成为大师，可能你的一生都要站在他的影子之下。

柏林国家歌剧院这样的地方，不应成为禁锢一个人一生梦想的地方，找到梦想的突破点，才能走出人生的死胡同。

一个小孔值百万

20 世纪 40 年代，方块糖是用具有防湿性纸张包装的。但密封纸张不管有多厚，不管有多少层，时间长一些后，方块糖仍会因受到空气的侵袭而渐渐变潮，甚至变黄。各家制糖公司动员了不少专家，耗费了不少资金，就是找不到有效的防潮方法。

他是一家制糖公司的普通职员，因为每天都接触方糖，对方糖的性能很熟悉，也常常为方糖受潮变湿苦恼。工作之余，他就琢磨着怎样才能够找到一个有效的防潮方法，他尝试了很多方法，但都没有效果。

这天，他异想天开地用反向思维尝试，他在方糖的包装纸上开了一个小孔，空气的对流使得方糖受潮现象一下迎刃而解，解决了很多专家都头疼的问题。

这个叫科鲁索的人将自己的发明专利出售给制糖公司，得到 100 万美元的回报。

一个小孔 100 万美元，很多人在获悉了科鲁索由一个普通工人成为百万富翁，只是缘于一个小孔后，都感到不可思议，甚至有的人觉得不公平，但事实就是这样，只有敢于打破常规模式的人才会创造奇迹。

人生絮语：

智慧从来就没有专家、百姓之分，敢于尝试是成功必不可少的元素，打破常规模式常常会有奇迹。

只娶毛姆小说的女主角

毛姆是英国著名作家，但这个曾经写出了《人性的枷锁》等著名长篇小说的英国著名作家，在其成名之前，生活却十分艰难，甚至到了山穷水尽的地步。

一天，毛姆来得一家报社广告部，请求广告部主任："先生，请帮我一把吧，我要推销我的小说。想来想去，只能求助报社刊登广告了。还请你帮忙，在各大报纸上都刊登。""各大报纸？"广告部主任顿时傻了眼。

"毛姆先生，你有钱来登广告吗？"。

"有，这个广告刊登后，我的书肯定会畅销一空的，你肯先帮我垫付吗？到时我加倍还你钱。"毛姆自信地说，随即将自己写好的广告词双手递给了广告部主任。

"好！这主意棒极了，我帮你！"主任看完后，高兴地大拍桌子。

第二天，各大报纸同时刊登了一则引人注目的征婚启事："本人喜欢音乐和运动，是个年轻有教养的百万富翁，希望能够和毛姆小说中的主角完全一样的女性结婚。"

广告登出后，广大女性读者看到广告后，马上飞奔到书店，抢购毛姆的小说，回到家后，闭门苦读，让自己向小说中的女性靠拢。男性读者也不甘示弱，纷纷抢购。他们的目的是想研究女性心理，然后对症下药，以防自己的女友投进富翁的怀抱。

短短几天，毛姆的小说告罄，不但一举成名，而且生活上出现了重大转机。

人生絮语：

人生没有绝对的死胡同，只要善于发现，你总能找到突破口，从此峰回路转，一马平川。

骑马去车站

这个小男孩出生在美国新泽西州一个贫穷的外来移民家庭。

他从小就是个腼腆内向的孩子，和他一样大的孩子都不喜欢和他在一起，因为他什么也不会。

每次考试，他都是倒数几名，老师不想让他回答问题，因为他总是羞涩地说“不知道”。大家认为他是笨蛋，是个白痴。伙伴们嘲笑他，说他永远和失败在一起，是失败的难兄难弟。邻居们说，这个孩子将来注定一事无成。父母听到这样的话，暗暗为他担心。

他努力过，可是收效甚微，自己在学业方面取得的进步几乎为零。但是，他还是在不断地努力。

每天他醒来后都害怕上学，害怕被嘲笑。周末，他坐在自家的门前，看着草地上喜笑颜开的男孩们，感到自己的未来一片渺茫。

一次，他看到一个老人为了一张被老鼠咬坏的一美元钞票而痛哭不已，为了不让老人伤心，他悄悄回家将自己平时积攒的硬币换成一张一美元的钞票，交给了老人。小男孩说，这是他用魔法变回来的。老人激动不已，说他是个善良聪明的孩子。

父亲知道这件事后，认为自己的孩子并不像人们认为的那样笨得一无是处。父亲就想：怎么才能让孩子相信自己并不笨呢？

有一天父亲要带他出门，目的地是波士顿，小男孩说：“我们坐汽车可以到达。”

父亲说：“那我们坐汽车吧。”

可是，在中途的一个小站，父亲下车买东西忘记了汽车出发的时间。就这样，汽车在他的喊叫声中呼啸而去。

小男孩坐在车上非常的害怕，心想这下怎么办，没有汽车，父亲怎么能到波士顿呢？

波士顿汽车站到了，他下车时却看到父亲正在不远处等着他。他快速跑了过去，扑进父亲的怀抱，诉说一路的忐忑不安，害怕父亲到不了波士顿，并惊讶父亲是如何到达的。

父亲说：“我是骑马来的。”

“骑马？”小男孩惊讶不已。

父亲看着惊讶的儿子说：“只要我们能到达目的地，管它用什么方式呢。孩子，就像你学业不成功，并不代表你在其他方面不能成功，换一种方式吧！”

此时，小男孩幡然醒悟。是啊，成功的方式不止一种，何必纠缠于学习成绩呢？

之后，他看到很多人因为不能实现自己的理想而痛苦不已，就想，假如自己用魔法帮助他们实现，就像他对那个老爷爷所做的那样，即使是假的，但起码能从精神上减轻他们的痛苦啊。

从此，他对魔术表现出了浓厚的兴趣，并跟随一些魔术师学习魔术。

他克服心理上的怯懦，开始为这个梦想而奋斗，父母看到他能有自己的理想，都鼓励他坚持下去。

教他魔术的老师发现他在魔术表演方面具有很高的悟性，学东西很快，而且每次在原有的基础上都能有所创新。很快，老师的技巧便被他全部掌握了，他就开始向另一个老师学习。短短的两年时间里，他就换了四个魔术老师。

后来，这个小男孩成了一名大名鼎鼎的魔术师，他就是大卫·科波菲尔。

人生絮语：

成功对我们来说好比是个固定的车站，我们在为怎么到达而绞尽脑汁，大家都在争夺汽车上的座位，没有得到座位的人不得不等下一班汽车。

可是，为什么我们不能用其他方式去车站呢？就像大卫的父亲那样，骑马不是也到达了吗？我们只不过换了一种方式而已。

换一种前进的方式，就能走出人生的死胡同。

家里的试衣间

夏路列公司是日本有名的内衣生产厂家。这家公司刚刚成立时只有3个人，它能发展成为日本内衣行业的先锋，源于一次小小的改革。

公司刚成立时，店面设在神户中央区港岛时装街，在20世纪80年代初创时，算上经理也仅有3个人。

当时，在日本各百货商店和服装铺都设有试衣室，但试穿内衣是一件很麻烦的事情，而且，在服装店里试穿内衣，多少会让试衣者有些尴尬。

夏路列公司经理注意到了这个细节，就想：如果能在自己家里邀集三五位邻居或女友，一起挑选公司送来的内衣，有中意的式样当场试穿，这种场合气氛亲切，最适宜妇女购买内衣了。

于是，他便决定采取这种方式来销售内衣，并配合这种销售方式作出了一些规定：凡是在家庭联欢会上一次购买1万日元以上的顾客，就能获得该公司“会员”资格，今后购买内衣可享受七五折的优惠；会员如在3个月内发起家庭联欢会20次以上，销售金额超过40万日元，就能成为本公司的特约店，可享受六折优惠；如果在6个月内举办家庭联欢会40次以上，销售金额超过300万日元，就能成为本公司的代理店，享受零售价一半的批购

优惠。

采取这种销售方式以后，夏路列公司获得了迅速的发展。10 年以后，夏路列公司拥有员工 200 多名，代理店约 800 家，特约店 2 万多家，会员 135 万名，而且会员还以每月 2 万名的速度剧增。

夏路列公司的年销售额达 200 亿日元以上，成为日本内衣业的后起之秀，被舆论界称为“席卷内衣业的一股旋风”。

有些人抱怨自己的生活总是平平淡淡，没有一点走向成功的转机，殊不知，转机就藏在生活的细节当中。其实，人们缺少的并不是一个转机，而是在于你有没有敢于打破传统套路的勇气和善于转变的思想。

也许你成功的转机，就像夏路列内衣店一样，藏在了一个小转弯处。

没有瓶盖的大酱

南京有家韩国料理店物美价廉，在金陵美食家中颇有口碑。可是随着客流量的增多，店主开始为一件小事伤透了脑筋。

原来，这家料理店提供一种从韩国进口的秘制大酱，平日里就放在餐桌上任由食客取食。由于风味独特、口感醇厚，总会有一些不自觉的食客离开时顺手牵羊带走，料理店蒙受了不小的损失。

大酱是料理店的一个金字招牌，如果停止供应，势必会影响生意。为了不得罪食客又能减小损失，店主想尽办法试图解决这个问题。他把装大酱的大瓶换成了小瓶，在墙壁上张贴温馨提示，甚至还稀释了大酱的浓度。能想到的招数都用尽了，可丢失的大酱仍旧不见少。

店主犯难了，总不能在食客离开时要求开包检查吧。

于是，无计可施的店主在论坛上发帖征求妙计，很快，他就收到了许多回帖。

其中有一位网友建议把大酱的瓶盖统统拿掉，店主不知道这是怎样的道理，但死马当成活马医，便将信将疑地做试验了。

令人称奇的是，自此之后，料理店就很少丢失大酱了。

店主高兴之余打电话答谢这位网友，在讨教道理时，网友只是轻描淡写地回答："道理其实很简单，有谁会把拿掉瓶盖的大酱放进皮包或者衣兜，弄得里面到处都是酱呢?"

人生絮语：

摆脱传统的思维方式，从另一个角度找到解决问题的突破口，一切就迎刃而解了。

疯狂的柱子

老希尔顿的财富眼光非常独特，他总能"见缝插针"。创建希尔顿旅店帝国时，他就曾指天发誓："我要使每一寸土地都生长出黄金来。"

这个广为流传的故事就发生在一家新的酒店开业的时候。

70 年前，希尔顿以 700 万美金买下华尔道夫—阿斯托里亚大酒店的控制权，并以极快的速度接管了这家纽约著名的宾馆。一切欣欣向荣，开始进入正常的营运状态。

所有的经理们都以为已经充分利用了一切生财手段，但老希尔顿却一言不发地查找着可能没有充分利用的空间。

他的脚步开始在总服务台前停顿，他注视着大厅中央那些巨大的通天圆柱。

"既然这四个空心圆柱在建筑结构上没有支撑天花板的力学作用，那么，它们还有什么存在的意义?"希尔顿想。

于是，他叫人把它们迅速改造成四个透明的玻璃柱，并在其中设置了一系列漂亮的玻璃展箱。经过这样的改装，四根圆柱就不仅仅是装饰性的了，还充满了商业价值。

没几天，纽约的珠宝商和香水制造厂家便把它们全部包租下来，并把自己的产品摆了进去。希尔顿坐享其成，每年由此净收入 20 万美元的租金。

人生絮语：

天才不相信结局。结局只不过是人们尚未发现的、另一个财富传奇的开始。转变思维，创新思路，奇迹就是在这看似不经意的思考中产生的。

幸亏画了条狗

小王供职于一家漫画类杂志社，他画的漫画含义隽永，形象生动鲜明，再配上三两句富有哲理的话语，着实让人回味无穷。杂志因此畅销全国，深受读者的喜爱。

然而，令小王烦心的是，副总编经常擅自改动他的作品，而改动后的作品往往不能达到他所想表达的那种深刻的寓意，但他又不好直接要求副主编停止改动他的作品。

一次，在完成规定的几幅漫画后，小王在一幅漫画的某个位置上不伦不类增画了一条狗。

毫无疑问，副总编一定要他把狗去掉。而他却固执己见，与副总编争论不休，非要保留这条狗。

当争论达到非常激烈的程度时，小王作了让步，同意把画上的狗去掉。副总编的自尊心得到了维护，满意地点了点头，没有再对其他几幅作品提出什么别的要求。

其实最满意的是小王——漫画以他的原作刊出。

小王说："如果没有那只让副总编讨厌的狗，还不知道我的作品会被他改成什么样子呢。"

人生絮语：

声东击西、暗渡陈仓是一种战术。在实际生活中，我们也应该明白：其实，有很多途径可以抵达目标，而迂回则往往是巧妙的、隐秘的，也是最安全的。

打不开的锁

一代魔术大师胡汀尼怎么也没想到，自己的一世英名竟然毁在了一个荒唐的小错误上。

胡汀尼有一手绝活，无论多么复杂的锁，他都能在最短的时间内打开，从未失手。他曾为自己定下一个富有挑战性的目标：要在60分钟之内，从任何锁中挣脱出来，条件是让他穿特制的衣服进去，并且不能有人在旁边观看。

英国一个小镇的居民决定向伟大的胡汀尼挑战，他们特别打制了一个坚固的铁牢，配上一把看上去非常复杂的锁，请胡汀尼看看能否从铁笼中出去。

胡汀尼接受了这个挑战。他穿上特制的衣服，走进铁牢中，牢门"哐啷"一声关了起来，大家遵守规则转过身不去看他怎样打开锁。胡汀尼从衣服中取出自己特制的工具，开始工作。

30分钟过去了，胡汀尼用耳朵紧贴着锁，专注地工作着；45分钟过去了，一个小时过去了，胡汀尼头上开始冒汗。

最后，两个小时过去了，胡汀尼始终听不到期待中的那锁簧弹开的声音。他精疲力竭地将身体靠在门上坐下来。

结果牢门却顺势而开，原来，牢门根本没有上锁，那把看似很厉害的锁

只是个样子。

小镇居民故弄玄虚，考验了这位大师，门没有上锁，但胡汀尼心中的门却上了锁。

作为普通人，有时候，我们何尝不是给自己的心上了锁呢？

曾经有一位撑杆跳的选手，他一直苦练却无法越过某一个高度，他失望地对教练说："我实在是跳不过去。"

教练问："你心里在想什么？"

他说："我一冲到跳线跟前，看到那个高度，就觉得我跳不过去。"

教练告诉他："你一定可以跳过去。把你的心从杆上'摔'过去，你的身子也一定会跟着过去。"

他撑起杆又跳了一次，果然成功地跳了过去。

人生絮语：

在人生旅程中，我们不是被苦难困住，而是给自己的心上了锁。心灵的枷锁让人迷失在自设的困难里，找不到出口。

其实，只要打开心中的那把锁，便可以突破阻挠，粉碎障碍，很多问题就会迎刃而解。

两句话的演讲

1863年7月，在美国南北战争期间，华盛顿附近的葛底斯堡发生了一次历时三天的战斗，虽然北方部队获得了胜利，但是也牺牲了无数将士。

之后，几个北部州联合起来，在葛底斯堡建立了国家烈士公墓，用来安葬那些阵亡的将士。

公墓落成的那天，举行了一个盛大的典礼，他们邀请了前国务卿埃弗雷特到会演讲。埃弗雷特是一位非常擅长长时间演讲的口才专家，他的最长演讲曾达到210分钟，而且还能保证大家都爱听。

恰巧那天，林肯总统就在附近的城市从事政治活动，于是，埃弗雷特提示典礼的主办者把林肯请来“随便讲几句”。

谁都知道，埃弗雷特和林肯是政敌，在林肯竞选的时候，埃弗雷特就大力阻挠过，所以这一次埃弗雷特打定主意，要让林肯在毫无准备的情况下当众出丑。

于是，他多角度多方面下手，进行了一次长达两个小时的演讲，那场演讲简直是声情并茂，让在场的所有观众都鼓起了掌。

对于埃弗雷特的用意，林肯心中自然有数。听了埃弗雷特的演讲之后，林肯心中立刻反应过来，这次只能以巧取胜了，因为无论是说阵亡将士的精神还是烈士公墓的意义，那些埃弗雷特都已经做了非常出色和成功的演讲，接着再讲只能是拾人牙慧。

该怎么样讲才能和听众建立良好的交融关系，并最终赢得他们的喝彩呢？

林肯决定以简洁取胜，他不慌不忙地走上演讲台，说：“我今天要告诉大家的是，通往烈士公墓的马路将在下个月铺成沥青马路，并开通专线班车。”

下面的人群顿时安静了，继而发出了雷鸣般的掌声。

原来，在演讲之前，林肯就注意到，通往公墓的马路还是颠簸不堪的石子路，尽管埃弗雷特滔滔不绝地讲了许多，但却丝毫没有提及现实生活中的事情。

林肯意识到，这一定让所有参加典礼的人都觉得不方便，于是，他把解决这个问题的方法和期限作为演讲的内容，结果不仅得到了在场近万人持续10分钟的掌声，甚至轰动了全国。

人生絮语：

林肯的成功之处在于，他敏锐地觉察到了在这种不利于自己的情况下，演讲的侧重点应该放在哪儿。

用“长达两个小时的演讲无疑是在浪费大家的生命”这样的潜台词，不仅把埃弗雷特给否定了，而且还为自己的超短演讲做了巧妙的定位，一下子就把自己的劣势反变成了优势。

和对手针尖对麦芒的关键时刻，针锋相对未必能挽回局面。能避重就轻，找到对方的弱点，才是力挽狂澜的良策。

愚蠢的蚂蚁

法国著名昆虫学家法布尔曾做过一项有趣的实验，他把一群蚂蚁放在一个圆盘的周围，使它们头尾相接，绕圆盘排成一个圆形。于是这群蚂蚁开始前进了，它们一个紧跟着一个，像一支长长的游行队伍。

法布尔在蚂蚁队伍旁边放置了一些食物，这些蚂蚁要想得到食物，就必须要离开原来的队伍，不能再绕原来的圈子前进。

法布尔预料，蚂蚁会很快厌倦这种无始无终、毫无目的的前行，而选择分散队伍，寻找食物。

可蚂蚁并没有这样做，出于纯粹的本能，它们只是沿着自己或自己族类留下的化学信号前行。它们沿着圆盘的周围，一直以同样的速度走了七天七夜，一直走到它们累死、饿死为止。

我们可能会嘲笑蚂蚁的愚蠢，但有些人，又何尝不是这样呢？

人生絮语：

凡是身安心寂，不思改变，长年囿于既定模式中生活的人，不可能拥有精彩的人生。而不满于现状，积极寻求改变才是人生进步的真正力量所在。所以积极向上的人生只能主动求变，只有在不断的变化中，才能拥有璀璨和瑰丽。

不该当校长

二战时期，盟军统帅艾森豪威尔指挥了历史上规模最大的诺曼底登陆战役，奠定了盟军胜利的基础。随后，又将德军驱逐出法、比、荷，并直捣德国腹地。德国第三帝国陆、海、空各部全部投降，成了笼中困兽的希特勒只好自杀，从而结束了第二次世界大战。

在任何战争中，两国以上的联军是最难统帅的，艾森豪威尔能把多国的庞大武装力量合为一体，协调行动，共同战斗，足见其统帅能力非一般人能及。

战争结束后，艾森豪威尔又以压倒性的胜利，击败声望极高的政坛老手史蒂文森，出任美国总统，成为最受美国人民爱戴的总统之一。

其实，风光无限的艾森豪威尔还有一段很少有人提到的历史。大战结束后，经过血雨腥风洗礼后的艾森豪威尔曾一度出任哥伦比亚大学校长，当校长的时间也不短。

可是，这位在战争中叱咤风云的英雄却在文人墨客云集之地毫无建树，唯一可圈可点的竟然只是在校园内的草坪上，为懒于绕远路的学生开辟了一条便道。

人生的诀窍就是，看你有没有站在你应该站的位置上。找到真正适合自己的位置，才能实现自己的人生价值。

大海“吸”金

一个年轻人偶然得到了一块大磁铁，是一家大型工厂变卖的。

他拿着这块磁铁琢磨：这块磁铁有什么用呢？按铁价卖掉，赚不了几块钱，恐怕连运费都赚不出来；放家里，似乎也派不上什么用场，还不如卖掉。

后来他的母亲指点他说，你仔细想想，磁铁是用来干什么的呢？

这一提醒，他就豁然开朗了：是啊，磁铁就是用来吸铁的。他把磁铁拴上根粗绳子，就跑到附近的码头“垂钓”去了。

结果大大出乎他的意料，上百年的海港，成千上万条船曾经来来去去，竟然把海底积攒成了一个巨大的“铁矿”，有废弃的零件，有断缆的铁锚，有修理用的工具，结果他第一天就捞上来一千多斤废铁！

捞到了第一桶“金”，他索性多雇了几条船又买了几块磁铁，在沿海的码头附近来回穿梭，短短的一个月，他就积累到了四万多元的财富。

再后来，他的“捕捞”船队从大连出发，一路往南挨个港口打捞沉在海底的废铁，据说还没到上海，他就已经迈入了百万富翁行列。

他的一个朋友曾懊丧地说：“我曾经收到过许多块磁铁，有一些甚至比他的那块还要大，可我全都当废铁给卖掉了，从来没有想到去发挥磁铁的第一功能，财富就这么白白从眼皮底下溜走了啊。”

与这位年轻人一样，作家沈从文在年轻时候曾经一度陷入困顿，甚至有轻生的念头，后来一位编辑跟他说：“你有才华，有思想，还怕长安居不易吗?”

沈从文豁然开朗：“是啊，我手里有笔，可以写啊。”通过自己的努力，他终于成为大学者、大作家。

而做过木匠的齐白石，也只有在一门心思当画家后，才真正走上了成功之路，成为后来的大师。

人生絮语：

我们都知道“人尽其才，物尽其用”这句话，在现实生活中却往往总是陷于俗套，忽略了正确发挥自身的“第一功能”。

每个人都有自己的长处，任何一件东西都有其主要功能，认识并发挥自己的“第一功能”，就是把最好的钢用在了刀刃上，就是把最锋利的刀刃用在冲锋陷阵上。

你要做的就是，跳出俗套，挣脱传统的束缚，尽快地走出死胡同，这才是正确对待自己才能的态度。

没有 e—mail 的富翁

有一个人到微软去找一份清洁工的工作，在经过面试并做了一些扫扫厕所的杂活以后，人事部门告诉他，他被录取了，并向他要 e—mail 以寄发录取通知和其他文件。

他说："我没有计算机，更别提 e—mail 了。"

人事部门告诉他："对微软来说，没有 e—mail 的人等于不存在的人，所以微软不能用他。"

他很失望地离开微软，口袋里只剩下了十美元。

他只好到便利商店去买了十公斤的马铃薯，挨家挨户地转手卖出。

两个钟头后他卖光了，获利了 100%。

他又做了好几次生意，把本钱增加了一倍。

他发现这样可以挣钱养活自己。

于是，他认真地做起这种生意来，努力加上一些运气，他的生意越做越大，还买了车并增加了人手。

五年后，他建立了一个很大的"挨家挨户"的贩售公司，提供人们只要在自家门口就可以买到新鲜蔬果的服务。

他考虑到为家人规划未来，于是计划买一份保险。

签约时，业务员向他要 e—mail。

他再次说："我没有计算机，更别提 e—mail 了。"

业务员很惊讶："您有这么大的公司，却没有 e—mail，想想看，如果你有计算机和 e—mail，可以做多少事！"

他说："我会成为微软的清洁工。"

人生絮语：

既定的社会规则并不一定是正确的，敢于突破规则，找到适合自己的方法才是成功的关键。

任何时候，都不要让别人的标准否定自己。按照自己的风格，走出别人设定的死胡同，才能够找到正确的成功之道。

被自己囚禁了41年

美国有一个名叫查理的年轻人，在23岁的时候，因为被别人陷害，被关进了牢房。过了9年，他的冤案告破，查理终于走出了监狱。

出狱后，查理一直在抱怨自己的遭遇。他常常咒骂着："我真不幸，在最年轻有为的时候竟遭受冤屈，在监狱度过本应最美好的一段时光。监狱简直不是人居住的地方，狭窄得连转身都困难。"

虽然根本没有人愿意听他的遭遇，但是查理仍然自己咒骂着："监狱那细小窗口里几乎看不到一丝阳光，冬天寒冷难忍；夏天蚊虫叮咬……真不明白，上帝为什么不惩罚那个陷害我的家伙，即使将他千刀万剐也难解我心头之恨啊!"

日子就这样一天一天地过去了，他已经73岁了。在贫病交加中，查理终于卧床不起。弥留之际，牧师来到他的床边："可怜的孩子，去天堂之前，忏悔你在人世间的一切罪恶吧……"

牧师的话音刚落，病床上的查理声嘶力竭地叫喊起来："我没有什么需要忏悔，我需要的是诅咒，诅咒那些施予我不幸命运的人!"

牧师问："您因受冤屈在监狱呆了多少年？离开监狱后又生活了多少年?"查理恶狠狠地将数字告诉了牧师。

牧师长叹了一口气："可怜的人，您真是世上最不幸的人，对您的不幸，我真的感到万分同情和悲痛！他人囚禁了你区区9年，而当你走出监牢、本应获取永久自由的时候，您却用心底里的仇恨、抱怨、诅咒囚禁了自己整整41年!”

这位可怜的人听到这里，虽然是恍然大悟，但已经太迟了。这个大彻大悟，他也只能够带入泥土了。

人生絮语:

很多时候，人们被困在了一个死胡同，其原因并不是他人，而是自己。

如果你也发现你正在一个死胡同内停滞，你也应该先从自己的身上找原因，自己把自己释放出来，你才能够走向美丽人生。

第 11 章

发现生活的美

俄国诗人屠格涅夫有一次外出，遇见一个乞丐伸着枯槁的手向他讨钱。

屠格涅夫把手伸进口袋，忽然发现钱包忘了带，他只得怀着愧疚的心情，拉着乞丐的手握了握说：“真对不起。”

那乞丐却紧紧握着屠格涅夫的手说：“兄弟，够了，有这么点就够了。”

※　　　　※　　　　※

我们何尝不是如此呢？其实，我们真正需要的东西很少。一个微笑，一句问候，一种生活……只要有一双发现美的眼睛，生活无处不精彩。

“我是爱的颜色”

2008年11月4日，47岁的巴拉克·奥巴马以非洲裔的身份当选为美国第44任总统，打破了白人垄断美国总统的历史。

奥巴马当选总统后，有人别有用心地问道：“你能顺利当选，是因为绝大多数黑人选民把票投给了你，众所周知，你们都是黑皮肤。不过我想知道，你就任后能给他们带来哪些特殊的利益?”

这个棘手的问题充满了挑衅，回答不慎就可能让支持自己的白人失望，造成种族矛盾。

奥巴马笑了笑，从容地答道：“我不是黑色，也不是白色，我是爱的颜色。美国人民给了我‘爱’。因为爱这个国家，他们宽容地选择我。我会用‘爱’去回报全体美国人民。”

话音刚落，场下响起了热烈的掌声。

人生絮语:

爱是人世间最美丽的东西，关键就在于你有没有发现它的一双慧眼。

中国最美打工妹

2008年8月，英国一位顾客购买了一款iPhone手机，在激活手机时，他惊奇地发现，手机里出现的竟然不是默认图片，而是一张中国女孩的照片。

照片中，女孩儿身穿粉色工作服，头戴粉色工作帽，显得非常可爱，胖嘟嘟的脸上露着微笑。她半趴在工作桌上，两只戴着白色手套的手向镜头做出“V”字手势。在她身后，车间的情形一览无余，有其他工作人员正在忙碌地工作。

此外，他还发现，手机里关于这个中国女孩儿的照片，竟然不止一张，并且都是同样的甜美笑容。

按照常规，在消费者权益保障相当严密的英国，对于这样一起质量事故，拿到被用过的手机的买主一般会愤怒地去要求退货，甚至要求赔偿。但是，他却没有这么做——那张笑脸，深深地打动了他。

带着巨大的好奇心，他把这些照片上传到网上与其他网友分享，没想到竟引起轩然大波，短短几天时间，这个无名女孩迅速走红互联网，被人们称作“中国最美打工妹”。

有网友在留言中开玩笑说：“我们正在考虑将自己的手机退回厂家，因为我们的手机上没有这个女孩的照片。

很快，照片从海外流传到国内，国内外都相继开出以“iPhone girl”命名的网站，搜索讨论该女孩的情况。

事情很快就有了眉目，原来该照片之所以被存入手机中出售，是由于负责 iPhone 手机加工的深圳富士康公司手机检测人员工作疏忽所致。这名女工当时向正在检测手机拍照功能的同事笑了一下，结果被同事拍了下来，而这位同事忘记删除手机里的照片，之后便销售了出去。

面对这个意外的错误，国内很多网友给予的都是正面积极的评价：女孩的微笑已定格成永恒的美丽，让海外顾客了解到他们手上的产品是谁付出的劳动，也未尝不是好事……

一位上海网友则表示：“这是我们一线工人的笑容，从她的笑容里，可以看到中国人的乐观与豁达!”

一个网友甚至表示，“如果我知道 iPhone 在发售的时候会奉送一张可爱女孩的照片，我不介意额外掏些钱（当然要是有电子邮件的联络方式那就更好了）。”

当大家都在为这个“美丽的错误”津津乐道时，也有许多热心网友在为这个女孩子是否会因此被公司开除而担忧。

很快，富士康公司给出了答案：不会开除，但他们会尽快采取措施，以

避免此类事件的再次发生。在他们看来，整个事件不过是一个“美丽的过失”而已。

此后，有网民建议，富士康科技集团将这位女孩命名为 iPhone 大使，因为她的微笑显示，枯燥乏味的流水线工作其实也是蛮有趣的。

有学者认为，如今产品在进行广告宣传时，多喜欢用一些漂亮的女性进行代言，想告诉用户，他们的产品是美丽的，然而，却很少有厂商对产品的生产者进行宣传，而这起事件给出的启示是：那些生产者不仅外表美丽，从她们的笑容中，也可以看出她们的心灵同样是美丽的，如果在进行广告宣传时加以引用，也算是对产品的一种增值。

而社会学家认为，该女工美丽的笑容告诉世人，他们的努力工作正在为全球经济作出巨大贡献……

整个事件中，我们看到的不是惩罚与不满，而是宽容与微笑，是无处不在的生活之美。

稻盛和夫的幸福观

1997 年，65 岁的稻盛和夫因身体不适住进医院，经诊断为胃癌。

手术进行得很顺利，然而身体上的癌细胞虽然被切除了，精神上的苦闷却不能随着手术刀的起落而烟消云散。

在日本，稻盛和夫有经营之圣之称，他一生都在奋斗，经他亲手创办的两家公司京瓷（Kyocera）和第二电电（KDDI）都进入了世界 500 强。事业上的成就以及对社会的功绩都使他无愧于“圣人”的称号，但是亿万的财富却不能够让他回答这样一个简单的问题：人生的意义究竟是什么。

两个月后，稻盛和夫刚刚走出医院大门，就迈进了京都圆福寺的庙门，他辞去了公司的一切职务，告别了风尘俗务，剃度出家，被赐法号“大和”。

一生笃信佛教的他想通过修行，寻找到心中的答案。

在寺院里，他不再是“圣人”，而是成了一个和芸芸众生一样的普通僧人。虽然他拥有的金钱可以买下很多个这样的寺院，但他在这里没有任何特殊的地方，一样的僧舍，一样的衣服，一样的食物，甚至身体尚未恢复，也要手捧托钵，到附近的人家，挨门挨户地去化缘。

那是深秋的一天，天气非常寒冷，稻盛和夫身着青布袈裟，头戴竹斗笠，光着脚，穿着草鞋，走进村落，一家一家地站在门前诵经，请求布施一些钱和米。托钵化缘是一件苦差使，从草鞋里露出来的脚指头被沥青划破渗出了血，他强忍疼痛，化缘了几个小时。

黄昏时，稻盛和夫拖着筋疲力尽的身体，迈着沉重的脚步踏上回程。返回寺庙，要穿过一个公园的大片树林。风吹过时，便有很多落叶如蝴蝶一样飞舞着飘落下来，隐没在地上厚厚的一层落叶里，融为枯黄的一片。眼前晚秋的悲凉，不禁让稻盛和夫想到了人生的境遇，他忍不住叹了口气。

这时，马路对面一个正在扫地的老婆婆放下手中的扫帚，径直向他走了过来，伸手从里边的衣袋里，摸出一枚一百日元的硬币，递到了稻盛和夫的手里，说道：“你是修行的出家人吧，你的肚子一定很饿吧，这个你拿去，买点面包什么的填填肚子。”

当一只苍老的手，把一枚硬币塞进稻盛和夫手里的瞬间，他就像全身被电击一样，激动得全身颤抖，眼泪一下子就流了出来，他体验到了一种从未有过的幸福感。

也就是在那一瞬间，仿佛醍醐灌顶般，他突然感觉自己开悟了，达到了一直所苦苦追求的幸福境界。

稻盛和夫后来描述当时的感受说：“那种感觉无法用语言表达，这就是幸福的至高境界。那种泪流满面的幸福，不是用大脑来感觉到的，而是全身的细胞都能感觉到，这可能就是内心开悟的人能够感受到的幸福吧。”

不久，稻盛和夫就离开寺院，还俗了。他现在有了新的使命，他要把一种活法和善的理念传扬下去。如今，年已77岁高龄的他依然奔波在天上地下的旅途中，奔波于人们心灵的世界里。

人生絮语：

在这个世界上，金钱对于人生的意义，并不能以多少来衡量，关键是其中含有多少爱意与善念。感受别人给予的爱，接受别人爱心的馈赠，从而明白生活的美好，这何尝不是一种存在的价值呢？

上帝的最高奖赏

1963年，一位名叫马莉·班尼的女孩写信给《芝加哥先驱论坛报》，因为她实在搞不明白，为什么她帮妈妈把烤好的甜饼送到餐桌上，得到的只是一句“好女孩”的夸奖，而那个什么都不干，只是捣乱的弟弟得到的却是一个甜饼。

她想问一问无所不知的西勒·库勒特先生，上帝真的是公平的吗？为什么在她的家和学校常看到一些像她这样的好孩子被上帝遗忘了。

西勒·库勒特是《芝加哥先驱论坛报》儿童版《你说我说》栏目的主持人，十多年来，孩子们有关“上帝为什么不奖赏好人，为什么不惩罚坏人”之类的来信，他收到不下千封。每当拆开这样的信件，他心里就非常沉重，因为他不知道怎样回答这些提问。

正当他对马莉的来信不知如何是好时，一位朋友邀请他参加婚礼。就在这次婚礼上，他找到了答案。

据西勒·库勒特回忆，牧师主持完订婚仪式，新娘和新郎互赠戒指，也许是他们正沉浸在幸福之中，也许是两人过于激动。总之，在他们互赠戒指时，两人都阴错阳差地把戒指戴在了对方的右手上。

牧师看到这一情节，幽默地说：“右手已经够完美的了，我想你们最好还是用它来装扮一下左手吧。”

西勒·库勒特说，正是牧师的这一幽默，让他茅塞顿开。

右手成为右手，本身就非常完美了，没有必要再把饰物戴在右手上了。同样，那些有德的人，之所以常常被忽略，不就是因为他们已经非常完美了吗?

后来，西勒·库勒特得出结论：上帝让右手成其为右手，就是对右手的最高奖赏。同理，上帝让善良的人成为善良的人，就是对善良的人的最高奖赏。

西勒·库勒特发现这一真理后，兴奋不已。他以“上帝让你成为一个好孩子，就是对你的最高奖赏”为题，立即给马莉回信。

这封信在《芝加哥先驱论坛报》刊登一周，在短时间内，这封信就被美国及欧洲1000多家报刊转载，并且每年的儿童节，他们都要重新刊登一次。

人生絮语:

人世间的美好事物，无论是富贵功名，还是美满姻缘，都需要拿自身的福德去交换，而这些物质的东西，都会随着人生命的消逝而消逝。

因此，上帝对好人的真正奖赏，或许不是平常人所理解的物质的犒赏，而是一种参透人生玄机的顿悟，一种至高的人生境界。

仅需一颗心

利奥·罗斯顿是美国好莱坞最胖的电影明星，他的腰围6.2英尺，体重385磅，走上几步路也会气喘吁吁，医生曾多次建议他注意节食，减少演出，如果再为金钱所累，将会危及生命。

但罗斯顿却不以为然地说：“人到世界只有短暂的几十年，我虽然有很多钱，但我还要拼命地继续挣下去。因为，我太喜欢钱了。”

罗斯顿不但没停下挣钱的脚步，而是更疯狂地到世界各地演出挣钱。

1936年，罗斯顿在英国伦敦演出时，突然晕倒在舞台上。

人们手忙脚乱地把他送到伦敦最著名的汤普森急救中心，经诊断，他是因心力衰竭而导致发病。

紧急抢救后，他虽勉强睁开了眼睛，但生命依然危在旦夕。尽管医院用了当时最先进的药物和医疗器械，最终还是没能挽留住他的生命。

弥留之际，罗斯顿断断续续说出了一句话："你的身躯很庞大，但你的生命需要的仅仅是一颗心！"

汤普森急救中心院长、世界著名胸外科专家哈登眼睁睁地看着罗斯顿闭上了双眼而自己却无能为力，不由得黯然垂泪，十分惋惜地说："罗斯顿醒悟得太迟了。"

为警示后人，哈登院长决定把罗斯顿的临终遗言，镌刻在院中心接待大厅的醒目处。

从此，凡来这里就诊的病人，第一眼就可看到那条醒目的警示语，很长一段时间。警示语确实起到了警示作用。

转眼47年过去了，那条显示语虽然还醒目地保留在汤普森急救中心大厅的墙上，但罗斯顿却已渐渐淡出了人们的记忆，心脏病患者却有增无减，而且已成为威胁人类生命的头号杀手。

1983年夏天，汤普森急救中心接收了一名危重病人，他是美国石油大亨默尔。几天前，他来英国谈一笔很重要的生意，忽然晕倒在谈判桌前。

随行人员紧急把他送到这家医院救治，诊断结果也是心肌衰竭，但重病中的默尔并没忘记自己的生意，不但包下了急救中心的一层楼，而且安装了联络总部和分部的电话及传真机，他一边接受治疗，一边忙碌地向各地发出道道指令。

主治医生多次劝他，让他在生命的危急时刻，一定要静心休养，千万不能劳累，否则随时都会发生致命的后果。但默尔依然我行我素，医生也无可奈何。

那天，默尔散步来到院中心的接待大厅，发现了墙上那条警示语，情不自禁停住了脚步，聚精会神地默念起来，然后让随行请来主治医生，询问这条警示语的来由。

医生给他讲了事情的来龙去脉，默尔听完后，顿时陷入了沉思，又在那条警示语前驻留了一个多小时，这才神情凝重地缓缓离开。

回到病房，他首先命令随从撤掉了所有电话和传真机，接着又指示公司财务部，让他们迅速核查账目，说他出院后有大事要办。

一个月后，默尔痊愈出院，他回到公司做的头件事，竟是卖掉苦心经营、资产已达数千万美元的公司，之后便带上家人，去了苏格兰乡下的一栋别墅，过起了逍遥自在的世外桃源生活。

默尔的特殊举动，顿时引起了外界的种种猜测，媒体更是对此兴趣十足，纷纷提出采访他的要求，期盼解开这个谜底，但都被默尔断然拒绝。

后来，人们还是在默尔的自传中解开了这个谜，在他自传的结尾有这样一段话："这个世界上，不知有多少人日夜在为金钱财富拼命，挣到了百万还想挣到千万，达到了千万又想挣到亿万，一门心思聚敛钱财，到头来，自己究竟得到了什么呢?"

"我之所以要这样做，只不过是汲取罗斯顿的教训罢了，他那句临终遗言，'你的身躯很庞大，但你的生命需要的仅仅是一颗心'，让我大彻大悟。"

"此外，我还要加上自己的感悟：富裕和肥胖没什么两样，不过是获得超过自己需要的东西罢了。多余的脂肪会压迫人的心脏，多余的金钱会拖累人的心灵，多余的追逐会增加生命的负担。要想活得健康和自在一点，就必须尊重自己的生命，舍弃那些'多余'的财富。"

人生絮语：

除了金钱，生活中还有很多值得留恋的东西，快乐也不是金钱就能换来的。把超重的行李放下，给心灵放个假吧，不要在为金钱的奔忙的途中错过了生活中最美的风景。

松开攥紧的双手

葛丽泰·嘉宝是上个世纪的一名好莱坞影星，她以超卓的演技而蜚声影坛。当时，媒体这么评价她，"她的脸是人类进化的终极"，就连希特勒也被

她迷得神魂颠倒。她的头上笼罩着太多太多的光环：奥斯卡终身成就奖、百年来最伟大的女演员排名第五位……

然而，正当事业如日中天之时，嘉宝却作出了一个令人难以置信的决定：永别银幕！

消息一出，全美搅起了轩然大波，成千上万的影迷举着她的海报，拥堵在其公寓门口，企图把她留住。米高梅公司更是急得团团转，他们唯恐失去嘉宝这棵摇钱树，于是将其片酬翻了十番。

然而，嘉宝不为所动。此后，她果真就没再接过任何片约。

从此，生性孤僻的她孑然一身，过上了离群索居的生活。几十年来，她每天都这么重复着：上午戴上墨镜去购物；午休一小时后，再上街溜达一圈；晚上则面对着电视机。每逢下雨天，她就会穿上雨衣，戴着航空帽，像个懵懂无知的小姑娘，在雨中优哉游哉地散步。据说，这是她平生最喜欢做的一件事。

究其不再拍电影的原因，普遍的说法是：为了所谓的票房，嘉宝不得不在米高梅公司的操纵下，扮演令自己厌恶的荡妇形象，这让她原本崇尚自由的心灵遭到极大的压抑。所以，一气之下，拂袖而去。

1990 年，嘉宝悄然离世。十多年后，一个名叫赫勒奇·梅耶的年轻企业家疯狂迷恋上了嘉宝，他不惜一切代价收集了她所有的影片。

每当黑白胶片转动起来时，梅耶都在想，嘉宝离去的理由肯定没那么简单，因为以她当时的影响力，足以要求导演让自己扮演任何一个角色，但到底是什么促使她那么做的呢？梅耶决定探个究竟。

不久，他在一份旧报中，发现了当时的一条新闻：

阴雨绵绵的黄昏，嘉宝拍完戏后，从片场跑到了一家医院，她来探望好朋友莫妮卡。莫妮卡刚刚生了一个可爱的男婴，小家伙攥紧双手，不停地挥舞着，还不时“哇哇”地哭。

可爱的新生命让嘉宝原本阴郁的心情一下子变得晴朗，与莫妮卡告别后，嘉宝走出了产房。

刚好这时，一个钢铁大亨因肾病医治无效而死，他被推着从走廊里经过，后面紧跟着一大群哭哭啼啼的人。

不经意间，嘉宝瞥见了死者悬着的一只手。也许是出于恐惧吧，突然，她的心电击般地抽搐了一下……

看完后，梅耶心头为之一震，接下来，他惊讶地发现：嘉宝是在探望莫妮卡的第二天就决定退出影坛的！

他当即宣称发现了嘉宝退出影坛的真正缘由，对此，许多人发出阵阵嗤笑。他们觉得那件事再平常不过了，根本不足为奇。他们甚至认为，如今这世上想一夜成名的人太多了，梅耶绝对是在炒作。

两天后，梅耶宣布从财产中捐出30亿美元！消息一出，他立即成为了全美的焦点。

在捐赠仪式上，面对CNN电视台的镜头，他说：每个人从出生的那一刻起，就不断地在抓取、占有。然而，你的手抓得再多、再紧，但终究有一刻，它们还是会松开。

人生絮语：

在这个物欲横流的世界上，什么才是我们应该抓住的？什么是生命的累赘？一个懂得生活真谛的人，应该学会把紧攥的双手放开。只有这样，才能够像葛丽泰·嘉宝一样，看到人生的美丽风景。

悬崖边的微笑

在澳大利亚悉尼港东部，有一处临海悬崖，像一只巨大的手掌直伸向海的上空。19世纪以来，每年大约有50人选择在这里结束生命，平均每周发生一起自杀事件，这里成了名副其实的“自杀崖”。

又是一个早晨，天蒙蒙亮，一个中年男子步履蹒跚地向悬崖走去，他走走停停，一副失魂落魄的样子。

就要到悬崖了，他的脚步明显慢了下来，他抬头瞭望天空，从兜里掏出一根烟，坐下来点着。不一会儿，他身边已经有了一堆烟蒂。

不知过了多久，眼神迷离的他向悬崖边走去。

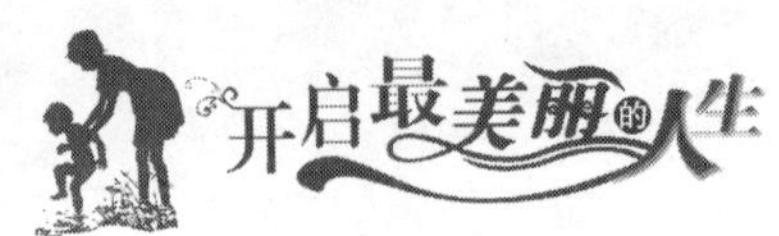

“你为什么不过来喝杯茶呢?”突然，一个柔和的声音从身后传来，如一只温暖的手把他拉住。

他回过头，看到一张和善的脸正温柔地对他笑，这张笑脸像娇艳的花朵，更像初春的朝阳。他忽然感到一股从未有过的暖流瞬间溢满全身，紧接着，这股暖流又从他的眼里夺眶而出。他迅速转身，跑过去紧紧抱住了那位给了他一个微笑的男人。

拥有这张笑脸的人名叫唐·里奇，只是一名普通的人寿保险推销员，家就在“自杀崖”附近。这天所发生的一切并不偶然，因为每天早晨里奇起床后做的第一件事，就是到位于二层的卧室窗前观察“自杀崖”。

如果发现有人失魂落魄地站在距离悬崖非常近的地方，他就会冲过去，然后给对方一个温暖的笑脸。

就这样，里奇在这里一直守望了50多年，至少把160条生命从死亡线上拉回，成了人们眼中的“守护天使”。

他说，50多年来，自己几乎每一天都是在快乐和幸福中度过的，尤其是看到有人因为自己的微笑而留住了生命，更加感到生活的充实和美好。

前不久，地区议会授予80多岁的里奇夫妇“2010年度公民”奖。

对于自杀者，里奇从不试图给对方提供忠告、建议或窥探什么，只是给他们一个温暖的微笑，问对方是否愿意聊聊，并邀请他们到家里喝杯茶，聆听他们的倾诉。

就是这样一个温暖的笑脸，就能够让他人感觉到温暖，就能够让他人忘记眼前的痛苦，看到生命的美好之处。

人生絮语：

每个人都应该在生活中多增添一些微笑，有时候，一个真诚的微笑，也许就能够拨开他人心头的阴霾，甚至开启他人生锈的心门，引领他人走向美好的人生。

日行一善

他父亲原是古巴哈瓦那的一位大庄园主。

7 岁之前，他过着钟鸣鼎食的生活。20 世纪 60 年代，他所生活的那个岛国，突然掀起一场革命，他失去了一切。

当他们一家在美国迈阿密登陆时，他们所有的家当就是他父亲口袋里那一叠已被宣布废止流通的纸币。为了能在异国他乡生存下来，从 15 岁起，他就跟随父亲打工。每次出门前，父亲都这样告诫他：只要有人答应教你英语，并给一顿饭吃，你就留在那儿给人家干活。

他的第一份工作是在海边小饭馆里做服务生。由于他勤快、好学，很快就得到了老板的赏识。为了能让他学好英语，老板甚至把他带到家里，让他和自己的孩子们一起玩耍。

一天，老板告诉他，给饭店供货的食品公司将招收营销人员，假若乐意的话，他愿意帮助引荐。于是，他获得了第二份工作，在一家食品公司做推销员兼货车司机。

临去上班时，父亲告诉他："在家乡时，父辈们之所以成就了那么大的家业，都得益于'日行一善'这四个字。现在你到外面去闯荡了，一定要牢记。"

也许就是因为那四个字吧，当他开着货车把燕麦片送到大街小巷的夫妻店时，他总是做一些力所能及的善事，比如帮店主把一封信带到另一个城市，让放学的孩子顺便搭一下他的车。就这样，他乐呵呵地干了 4 年。

第 5 年，他接到总部的一份通知，要他去墨西哥，统管拉丁美洲的营销业务。理由是这样的：该职员在过去的 4 年中，个人的推销量占佛罗里达州总销售量的 40%，应予以重用。

后来的事，似乎有点顺理成章了。他打开拉丁美洲的市场后，又被派到加拿大和亚太地区；1999 年，被调回了美国总部，任首席执行官。

就在他被美国猎头公司列入可口可乐、高露洁等世界性大公司首席执行

官的候选人时，美国前总统小布什在竞选连任成功后宣布，提名他出任下一届政府的商务部部长。

他的名字叫卡洛斯·古铁雷斯。

人生絮语：

一个人的命运，并不一定来自某个惊人之举；更多的时候，都取决于他日常生活中的小小善行，这些小善行让别人看到了自己的美丽，也让自己演绎了更美好的人生。